认知重构

晏凌羊——著

化学工业出版社
·北京·

内容简介

本书借由作者的所见所思以及大量真实案例，解答了女性成长过程中遇到的关于性别处境、家庭角色、社会分工、职业发展、情感生活和自我认知等一系列令人困扰的问题，输出了一套有创意、有深度、有态度、有温度、有广度并且可行性强、行之有效的认知精进思路。全书视角独特、紧贴现实，观点犀利、直切要害，文笔流畅、易读易懂，展示了同类书籍很少涉及的底层逻辑，更像一套自我成就心法，让读者能从更宏观的视角看到自己向上突围和跃迁的路径。

本书适合女性阅读，当然也适合想要实现认知突围、实现人生跃迁和追求婚姻幸福的男性阅读，也可给那些秉持“终身学习思维”、想要在自我认识和社会规律之间构建一套“成事”思维框架的人提供参考。

图书在版编目（CIP）数据

认知重构 / 晏凌羊著. -- 北京 ：化学工业出版社，2025. 10. -- ISBN 978-7-122-48816-9

Ⅰ. B848. 4-49

中国国家版本馆CIP数据核字第2025GU0827号

责任编辑：郑叶琳　　正文设计：韩　飞

责任校对：王　静

出版发行：化学工业出版社

（北京市东城区青年湖南街13号　邮政编码100011）

印　　装：三河市双峰印刷装订有限公司

710mm×1000mm　1/16　印张19　字数264千字

2026年1月北京第1版第1次印刷

购书咨询：010-64518888　　售后服务：010-64518899

网　　址：http://www.cip.com.cn

凡购买本书，如有缺损质量问题，本社销售中心负责调换。

定　　价：58.00元

自序
穷女孩当如何逆袭？

>>

（一）什么是正确的金钱观

某天晚上，我跟女儿闲聊。

我问她："你平时可以注意观察一下跟你妈同龄的中年人的生活状态，看看他们面对人生困境的时候各自的选择，你会发现有一样东西特别重要，它直接决定了你到中年的时候是过得狼狈，还是从容。这样东西是什么？"

女儿回答："钱。"

我说："没错。你现在年纪还小，可能意识不到钱对于中年人的重要性，但你可以观察一下我们各自的状态。学习当然不必那么功利，学习成果也不能只用分数来衡量，但你在学校抓成绩，确实也是挣钱游戏的预演。"

我觉得孩子大了一点之后，就可以跟她聊一些成年人世界里的话题了。

有时候想想，我爸妈如果小时候能给我树立相对健康一点的金钱观，我也不必走那么多的弯路。

我爸妈在我跟女儿一样大的时候，关于金钱，他们灌输给我的是什么？是以下这些：

“一个人有钱没钱不重要，他肯对你好就行了。很多人有钱可能并不见得比穷人过得幸福呢。”

“有钱有什么用？还不照样会生老病死？”

可是，请大家想一想，这些话术的背后，充满了多少逻辑谬误？！

变有钱这种事，更多时候考验的是资源整理能力、看待和抓住趋势的魄力，有的人不承认这种能力是因为自卑，想要通过贬低他人的方式，在道德和精神上找补。

钱本无正邪、无善恶，它只是一种工具、一种媒介。

事实上，我们的自信与我们的财务状况息息相关。靠化妆打扮提升自己，真没什么用，真正有用的是改善自己的财务状况。财富就是你的底气和保障，你永远不该让自己的财务状况差到破坏你自信的程度。没有自信的生活只能叫做生存。这些话说起来很刻薄，但道理就是这么个道理。

（二）“家庭环境”是我们要突破的第一层瓶颈

穷，不只是一种经济状态，更是一种精神状态。

这一点，我太懂了。很多人讲到“穷”，指的往往是物质条件，但我所感受到的“穷”，更多是观念和思维问题。这种思维、观念，不会随着物质条件的改善而发生任何的改变。

就像现在，我在物质水平上已经超越了身边很多同龄人，但我父母总是能一秒把我拉回到原先的阶层。

而“穷”是一种怎样的状态？是“抓小放大”，是“注重情绪价值但不注重解决问题”，是“窝里斗”。

像我爸妈，我只能心疼地看着他们一生只会循着一条轨迹去走，思考路径也从来没能从既定框架中跳脱出来过，一生内耗极其严重。

老两口遇到宅基地纠纷，只会在家里干仗、吵架、控诉、寻求舆论支持一百天，却不肯真正“走出去”面对和解决问题，在想象中把困难看得比天大，还不让我插手，结果我要到邻居哥哥的电话，经过沟通就解决了。

他们把大量的时间、精力用在“内耗”上，主动出击解决外部问题的能力就弱到不值一提。再观察身边人，包括找我咨询的网友，我发现好多人的思维方式都跟我爸妈一模一样。他们和“外部真实的世界”之间，隔了一层玻璃罩子。

这个罩子严严实实把他们罩在里面，让他们感到安全（即能给他们一种“我是高尚的，我是受害者，别人都是白眼狼”的自恋幻觉），却也让他们彻底与“世界的真相”隔绝。我已经算是比较有说服能力的人了，但面对这样的金刚罩，也是无能为力。他们好像一生都只活在长满杂草的沼泽地里，永远只会沿着既定轨迹打转转，不肯换个思路、方向找找路途。而且，他们大多一直想不明白自己深陷困境的原因，永远只觉得命运待自己太薄。

我小时候模仿我爸妈，后来发觉不对劲，因为我从我爸妈身上看到很多局限，从外人身上看到我需要学习的“点”，然后，我尝试着突破、超越，才把自己打磨成今天这样子。所以，我觉得人活这一辈子，真的是需要悟性的，就是俗称的“开悟”。而且，“开悟”是一辈子的事，活到老，悟到老，悟得早、悟得透，你的人生就赚了。

穷孩子如何超脱出身？比父母聪明，择父母优点而从之，见父母缺点而改之，千万不能对父母盲信、盲从，更不要花时间、精力去跟他们辩论。很多事情，你想好了，认准了，直接去做，最后告知他们结果就行了。

如果善于观察和感悟，“穷人出身”其实也可以成为人生中宝贵的一笔财富。

小的时候，我就只知道我爸妈很穷，我们家是全村最穷的人家。但孩子嘛，总是天然会更认同自己爸妈的。看到父母的困窘，如果你稍微有点责任感，就不会记不住因为贫穷而带来的感受，就不会舍得浪费每一个能改变自己命运的机会。

我在大学毕业之前（21岁），都会模仿父母身上那些吃苦耐劳、俭朴过日子的特质。但我接受了那么多年的教育，不知不觉中，认知已经跟父母不一样了。

我真正从“认同和模仿父母”走向“观察父母”，大概是24岁失恋后。我发现我不自觉地在亲密关系中，复制了我妈对我爸的那一套方式，而这是不对的。一旦你开始走上这条路，你就很容易再次“以父母为师”，但这一次的“以父母为师”是把他们当反面教材用的。

比如，你会发现，父母穷了一辈子，很大一个原因是他们在细枝末节的事情上耗费太多的时间和精力，导致“人生的主要矛盾”反而得不到解决。意识到这一点之后，你就会“反父母之道而行之”，遇事先分析哪个是主要矛盾、哪个是次要矛盾，接着，把好钢用在刀刃上。这样一来，你就真的有扭转困局的可能。

又比如，你会发现，父母的财富观有问题。他们一辈子为钱所困，但潜意识里其实并不那么热爱金钱，甚至有时会持“有钱 = 没道德”的观念。观察到这一点之后，你可能也会调整自己的财富观。比如，大大方方爱钱，理直气壮去赚钱，用“交换思维”去链接世界。

一个人想要成长和进步，其实真的不一定要去跟“大咖”学。只要你悟性足够高，身边每个人都能让你学到东西。家人离我们是最近的，他们本身就可以成为我们的“人生导师”。当然了，前提是——在家里，你智商和悟性都比较高。

（三）认知是靠见识砸出来的

认知真的是最贵的，因为认知都是要靠见识砸出来的。见识不够多的话，人就很容易被骗。

那是 2019 年了，某天我去做了一次按摩。

我随口问了下店长，经常帮我推拿的那个女技师去哪儿了。

她回答：“出国了，去了菲律宾打工。”

我说：“是去做苦力活吗？工厂里做的那种？我有个朋友在国外一家造

纸厂工作。一个月到手倒是有八九千，但那种工作很辛苦的，每天要弯腰上千次。”

店长说：“她就是嫌按摩辛苦，才去的。说是找到一份只需要在电脑上打打字、接打一些电话、回复下客户的信息就能月挣六千元的工作。”

我说：“学历不高、外语水平一般又没啥特殊技能的中国人去到海外工作，若不是做苦力活，很难有高收入的。”

店长说：“半个月前，她刚去的时候，我给她发微信，她回复了一个定位过来，还给我拍了段视频，视频里有个男人叫她别发朋友圈。她抱怨道，那边非常热，得二十四小时躲在空调房里。”

我说：“怕不是被招过去做电信诈骗了吧？”

店长说：“我也觉得有可能。当时她走的时候，我就劝她要慎重，那么轻松的工作怎么能轮到她呢？或者，她也可以跟个信得过的男性朋友一起去探探路，结果她说那份工作不招男性。”

我说：“我总感觉凶多吉少。”

无独有偶，一个网友找我咨询移民问题，我一听模式就感觉她应该是被忽悠了。这种收割模式，跟“预测生男生女，蒙对了收全款，蒙错了退全款”一个样，对方有一半的概率能猜对，就能收割走那一半人的钱。同样，他们明知道你移民不了，但还是给你“画大饼”，让身处困境、急于摆脱现状的你，以为抓到了一根救命稻草，接着咣当咣当把压箱底的钱都掏出来给他们。然后呢？就没有然后了。

我问了她以下几个问题：

如果你在国内，在纯母语环境，你的职场竞争力都一般，你可能都找不到好一点的工作，你凭啥相信你到了发达国家就一定能过上更好的生活？

你花十几年的时间学习英语，都没法达到能跟人无障碍交流的水平，凭啥相信你经过几个月的培训就能学会一门外语并在职场中熟练使用？

你知不知道你去到发达国家，就不仅是跟国内同阶层的人竞争，还要跟来自全世界的移民竞争？你在国内都竞争不过别人，凭啥认为你到国外可以竞争得过他们？

如果你真的想要开启移民计划，先办个护照，至少去那个国家走一趟，这是最基本的。越是发达国家，投资移民、技术移民的门槛越高。

放眼全世界，不管去到哪儿都过得好的人，要么是有钱人，要么是行业精英。你是吗？如果你去到举目无亲、语言不通的发达国家，做的只是端盘子的工作，那你为啥不就在国内端盘子？

这些话我说得刺耳，但真的是苦口婆心在劝这位女网友，不要把仅有的牌打烂，不要病急乱投医，进一步把自己活埋。

越是陷入绝境的时候，越不要想着弯道超车、走捷径，或是找一条你根本不熟悉的、所谓解救你的路。捂好自己的钱包，努力提升自己的技能，哪怕是去捡垃圾，也先让钱包厚实起来，再去考虑其他。

我觉得，年轻女孩子想要实现人生突围，真的是很难，你得拥有超凡的悟性和毅力，才能改变自己的处境一二。

年轻女性要填“认知坑”。你得先把原生家庭灌输给你的那些“有毒的认知”全部拔干净，形成一套全新的认知，才能轻装上阵。

现在，我时常跟女儿讲：

在现在这个时代，我们接触到的信息太多常常真伪难辨，而我们学习的目的之一，就是分清楚这些信息的真伪，减少自己受骗上当的概率。

有时候，我们（包括妈妈在内）也不可避免会受骗上当，那我们就“吃一堑、长一智”，不断给自己的认知打补丁，才能走得更远。

大人也并不等于就是权威，权威人士的话也不一定都是正确的。要不要听一个大人的话，你可以首先看那个大人在自己擅长的领域内取得怎样的成就，然后，辨别他那么说话的动机，再决定要不要听从。

如何增强这种辨别能力呢？还是得靠学习。你看孙悟空也是先有了火眼金睛，才上西天取经的。世界上的妖魔鬼怪太多了，你必须把自己的道行修炼到比他们高，才能识别出真伪。

这几年我也一直在思考：所谓的成长力是什么呢？说到底不是安营扎寨，而是识别障碍、看透障碍、超越障碍。

（四）减少内耗，勇往直前

人生没有坦途，总是会有遇到艰难困苦的时候，但还是有那么多平凡的普通人，虽然活得并不耀眼，也还是努力为自己的人生镀上了一层金光，生动演绎了啥叫“没有任何艰难，值得我们反复咀嚼”。他们把经历的所有风波都当成人生旅途上最常见的颠簸，将所有的艰辛和创伤都用一种非常硬核的方式治愈完成。

为什么他们能做到这样？我觉得一个很重要的原因是他们做到了“反内耗”。

现实生活中，我发现很多人有严重的内耗。所有值得、不值得思虑的事情，都在脑海中过一遍，想得太多，想的都是没用的东西，但行动太少。如果你把你的大脑比喻成一台电脑，你往“内存”里储存的垃圾越多，你的大脑 CPU 处理效率就越低。如果你“想太多”，或是尽想些没用的，那么，你的焦虑、猜疑、纠结便会让你在什么都不做的状态下，持续地往下掉能量。

等到你需要去行动、去落实的时候，你会发现自己“电量不足”，支棱不起来了。

内耗的表现都有哪些？咱们简单举几个例子：

孩子一道题不会做，你就开始焦虑，一焦虑你就通过说教去转移焦虑，比如，“为什么这么简单的题你都不会答啊，不是上次才教过你吗，怎么又不会了？你是不是上课不注意听讲啊，爸妈供你上学容易吗”之类的话就脱口而出，可是，这一切的源头只是孩子不会做其中一道题而已啊。你需要做的就是帮助他把这道题做出来，把这个小障碍越过去，这事儿就结束了。

你需要上台演讲、需要给领导汇报一项工作，或是你把某个事情搞砸了，就陷入没完没了的想象和担忧，脑子里上演了十万集“大戏”，而你想象的那些情节和后果，90% 都不会发生。你用来解决问题的能量，也在这种内耗中消失殆尽。

“内耗”，本质上说的是“过度损耗”“没必要的损耗”。而厘清哪些是“有必要的”，哪些又是“没必要的”，也是需要智慧的。

怎么减少内耗？我的建议如下：

① 丢掉幻想，提升认知。

不要成天想着靠婚姻、靠男人实现阶层的跃迁，这条捷径一般是走不通的。打江山的人，只会跟自己的战友一起坐江山。你要么在人家奋斗的阶段就入股，要么就靠自己的双手，自力更生，丰衣足食，再去找跟你共享人生繁华的伴侣。

早日离开不珍惜你的人，认清形势，放弃幻想，把时间、精力花在自己身上。任何事情，没搞懂，就不盲动；可以迟一点做选择，但是要尽量做对选择，并设置好止损线、兜底条件。一旦发现选错了，立马止损。

② 聚焦主要矛盾，保持艰苦奋斗的作风。

当你的人生中出现很多问题的时候，你首先要做的，不是手忙脚乱去挨个解决问题，而是静下来思考，这些问题中哪些问题是由哪个主要矛盾引起的，然后，发动你的资源、智慧去着力解决这个主要矛盾，你会发现：困扰你的七成问题都会迎刃而解。

比如，钱能解决生活中遇到的百分之九十的难题，而这一切是基于一个健康的身体。女人的主线任务是赚钱，保证身体健康，其他次之。

这世界上没有光享福、不付出的事情，艰苦奋斗是能让我们人生保持向上的不二法宝。不要怕吃苦，不要膨胀，保持奋斗到死的精神，这才是我们保持向上的秘诀。

③ 要形成一套硬核并可延展的核心价值观体系。

听到别人打压你的言论，多去琢磨对方这么说的原因是什么，少点“过度反省”。减少无意义的社交、娱乐，敢对那些令你感到不舒服的人和事说“不”。

我最近有个很大的体悟是，好名声、好印象和实实在在的利益，很多时候是不可兼得的。你必须要二选一。你想给别人留下好印象，就很有可能会吃亏。你不想吃亏，那就不要太在乎别人的看法。

到一定年纪后，我们一定要形成一套相对比较硬核的核心价值观，不再用别人的评价来定义自己，绝对听从内心，树立自己的“理论自信”和“道路自信”。

当然，这套价值观，该硬核时要硬核，该柔软时也应该要有点延展性。延展性越强，你看待世界的视角越广阔。

④ 提升行动力和执行力。

检验一件事情能不能做成，不是靠“站在原地想”，而是靠行动。一旦谋定，就立即行动。成了，批量复制成功经验；败了，总结经验教训，谋求东山再起。

莱蒙托夫有一首诗这样写道：“一只船孤独地航行在海上，它既不寻求幸福，也不逃避幸福，它只是向前航行，底下是沉静蔚蓝的大海，而头顶是金色的太阳。”后来有人引用了这首诗，并且加上了他自己理解的几句话：“将要直面的，与已成过往的，较之深埋于它内心的，皆为微沫。”虽然与莱蒙托夫原诗有些地方译文不符，但是经这么改编后，这首诗歌别有一番风味。

其实，我们女人的人生，不也像是一艘航行在海上的船吗？你当像船，驶向你的海。纵有疾风起，纵有阴霾来，你且无畏，前行必有曙光。

目录

第三章　用犀利的眼光解读人性 // 131

第四章　用有效的方法管理自我 // 175

第五章　用全局的眼光搏击未来 // 239

第一章 用争气的姿态定位自我

第一节
实践出真理，先干起来再说

（一）做事纠结，难成大事

几年前，我把公司搬到了我家附近后，我去公司走路大概十分钟。

那时候，我妈还跟我住在一起。

有一天，我跟我妈说：“天气太热了，我中午不想浪费时间回家吃饭。”

我妈说：“那我给你送饭吧。”

我说：“我不好意思为一顿饭让你专门跑一趟。我自己在外面随便吃点就可以了。”

我妈说：“那你说我闲着干吗呢？外面的饭食材不安全，还贵，吃多了容易发胖。”

我没再搭话。

有天，我跟公司同事说起这事儿，同事说：“让你妈妈给你送饭的时候给我们也都做一份呗，你吃什么，我们就吃什么。为了感谢她的劳动，我们可以给她钱，15元一份或者怎样。要知道，在外面吃一碗很难吃的面条、汤粉就要15块，快餐差不多要25块，送到办公室加收5块。关键是外面的饭很难吃，重油重味精，哪有你妈妈做的健康？如果你妈妈愿意做的话，也算是我们的福利了。”

我心想，我妈闲着也是闲着，如果为女儿送一趟饭的同时，有点小钱挣，估计她也会有点成就感和价值感。自己挣的钱，哪怕很少，也比女儿给她钱，能让她开心。

我当然不是希望我妈靠此挣钱，只是觉得她也需要某种价值感。如果让她帮大家做饭、送饭，接受大家的赞美，或许她也会很有价值感呢？

我回家跟我妈提了一下，我妈有点动心，但她立马紧张了起来：“如果他们嫌我做得不好吃怎么办？”

我说：“觉得不好吃，下次他们就不找你订了，你只需要考虑今天谁要吃饭、谁不吃，然后按照常规水平把饭菜做好。其他的，不是你考虑的事儿。”

我妈又说：“有人吃辣，有人不吃辣，怎么办？”

我说：“那你就做个辣菜，再做个不辣的菜。或者，都做不辣的菜。”

我妈问：“那用什么盒子装？怎么装？每人该装多少？”

我说：“市面上的饭盒怎么装的，你就怎么装。”

我妈说：“可是有的人胃口大，有的人胃口小。这让我怎么弄？”

我说：“你收的钱都一样，那就每一份的分量都一样。”

我妈说：“可是男生就不够吃啊。还有，我怎么送过去？送过去都凉了，不好吃了。”

我说："办公室有微波炉。你就送给我一个人吃，不也要考虑这些问题吗？"

我妈说："那不一样啊，你怎么着都行。你的同事要是不满意，我会很难受的。"

我说："不满意自然就不再订了啊。你纠结个什么？"

我妈接着说："如果我做了，但是他们后来又说不吃了怎么办？"

我说："提前让他们确定，中午到底吃不吃。"

我妈还是非常犹豫地说："我早上就要出门买菜，我哪儿知道要买多少啊。"

我说："你随便买，多囤一点也没关系。"

我妈说："有的菜有人爱吃，有的菜有人不爱。每个人的口味都不一样，我伺候不了。"

我说："算了，就这么点事情让你纠结成这样，你还是啥都别做了。同事们也只是实在不想吃外面那些又贵又不健康的饭菜，才让我来征求你的意见。如果这个事情让你紧张成这样，那还是算了，我们俩迟早会因为这点事吵架。我也在外面吃，大家都省事。"

我妈生气地说："你这人什么态度？我只是在跟你商量，你对我就这态度啊？"

我没再说话，只是长叹了一口气："哎，这段时间我忙到每天只睡五个小时，能陪你掰扯这么多，已经算是很有耐心了。"

像这样的对话，我跟我妈不是第一次了。

有一次，有朋友来家里，发现我妈做的酸辣鸡爪特别好吃，建议她学某辣妈在小区卖私房菜。我妈听了，很动心。我想着她忙起来了，就不会过多关注我，不会每天都批评我不够贤妻良母，就赶紧帮她张罗。我厚着脸皮到处发红包、拉人头，建了个微信群。

结果，就那一次，真的把我搞怕了。

大家预订了酸辣鸡爪以后，我妈头天晚上竟焦虑到睡不着，次日一大早去买食材，回到家里试做了无数次，一直没完没了地问我各种问题。比如，他们吃不吃辣，吃不吃酸，爱不爱吃醋和酱油，是否能接受在酸辣鸡爪里放点芝麻，到底几点来拿。

第一次做，我妈的厨艺征服了几乎所有预订了酸辣鸡爪的邻居。整个过程中，她为一些在我看来完全没必要纠结的、细枝末节的问题没完没了打电话问我。

第二次做，预订的邻居又多了一些，可我妈表现得更加焦虑。她一直纠结一个问题：上次预订了酸辣鸡爪的邻居，这次为什么不订了？是不是觉得她做的鸡爪不好吃？

我说："可能人家这段时间出差了，你不需要去纠结这个问题啊。"

第二次做酸辣鸡爪，我妈比第一次更加紧张，竟紧张到不知道到底要放多少盐……

那几天，除了做鸡爪这件事，她什么家务都做不了了，每隔几分钟就要去看下做鸡爪的食材都准备好没有。跟家里人聊天，所有的话题也都围绕着鸡爪转，你想跟她聊点别的都没法聊。

有人预订了鸡爪，但迟了一天才来拿，结果那一整天我妈心神不宁，就是担心鸡爪太入味后，卖相不好看。

有人向我微信转账付了款，但我那天没在家，我妈见人来拿鸡爪，竟不敢跟人家开口问到底付款没有。她打我电话时，我没听到，她竟就这么忐忑了一下午。

那一次之后，我妈说她再也不做这种私房菜了，操心不起。

我心想：你那么在乎别人的看法，跟外人打个交道都那么不淡定，怎么可能不操心？我也受不了你动不动就为这么点事情没完没了打电话骚扰我，我自己也很忙的。你不做了最好。

之后，还有邻居不停在微信群里问“阿姨什么时候再做酸辣鸡爪，我实在太想吃了”，我没敢吭声。

我妈年轻时候也想做生意来着，可她做过的最大的一笔生意，不过就是收人毛线、帮人织帽子，收手工费 5 元。她帮人织了 10 多顶毛线帽，大家都说她织工好，但是，某一天，听说有一个人说她织的毛线帽不好看，她就罢了手。

我妈厨艺很好，她自己从来都看不上我们小镇那些餐馆里厨师的手艺，年轻时她也曾想过要开个小食摊，可后来这个计划胎死腹中。原因很简单：她太纠结了，一想到别人可能会不满意，就更不敢去做了。

就这样，家庭成了我妈唯一的秀场和战场。在这个领地里，她是女霸主，张牙舞爪。出了这块地界，她胆小如鼠、战战兢兢，一遇到点风吹草动，就吓得躲回熟悉的家里，因为她觉得那里更安全。

明明她很能干，却因为纠结、害怕、想太多，一生赚不到什么钱，也没干成什么大事。

（二）试都没试过，怎么知道不成功?

前几年，我在老家给父母买了一套养老房，每年回去住几天，可是，我家楼下有个老头搞了个违章建筑。每逢下雨，雨点打到石棉瓦上，就发出很大的声音，而我的卧室就在那个违章建筑的上方，这雨声时常吵得我睡不着觉。

我跟我爸妈说："我要跟这个老头子反映一下这个问题，让他考虑下我的感受。"

我爸妈脸上露出了我熟悉的害怕和担心的神色，像是担心我要去杀人一样。

我妈跟我说："这老头搞的违章建筑，连城管、警方来了都没办法，你能咋样？那么多人都不出头，都能忍，你为啥要出头？不要得罪人啊，求你了。不然，他想不开了，要报复我们怎么办？"

我爸说："有啥必要呢？忍忍不行吗？你只住这么短的时间。"

我说："我让他在违章建筑的顶棚上放个海绵，别让'吧嗒吧嗒'的雨水影响我睡眠行吗？"

我爸妈说："跟这种人讲道理，不会有用的。"

我说："你试都没试过，怎么知道？"

我爸说："怎么可能有用？这个事情若能解决，早就解决了。"

我没听他们的话，而是径直跑到楼下，敲开了老头的门，让他放了个海绵。

雨点扰我睡眠的问题也就解决了。

还有一年，我父母在农村的宅基地被邻居生生占了一块。我爸妈在家里咒骂了邻居一个月、找邻里控诉了一个月，不做出任何实质性的沟通动作，也不敢把邻居家建到我家宅基地上的铁门拆除，说是出十万块钱都没人敢来。

我说："你去找邻居再好好沟通一次，或者，直接拆门，逼他出来沟通。实在不行，往他们家大铁门上喷油漆。或者，全村发传单，讲述他们家占便宜的历史。"

我爸妈也是跟我说："没用的，那是个无赖。"

从我记事以来，我爸妈都是这样子的：热衷于反复咀嚼、品味别人伤害过自己的言行，然后站在受害者的角度找各路人马控诉伤害他们的人，却不作出任何的反击行动。俨然那么一控诉，自己就站在了道德制高点上，问题也就得到了圆满解决一样。

而我，除了每天听父母在家里为这个事情吵架，都做了些什么事呢？

第一，劝父母"让他三尺又何妨"。劝不动以后，我放弃劝导，选择支持他们的维权行为，但给自己设定了"解决不了就不再插手"的时间点、止损点。

第二，摸清了邻居全家的个人信息，包括他的子女。

第三，发短信给邻居家那位当过村干部的哥哥，陈明利弊，让他哥哥出面劝他，让他再考虑下是否承担得起败诉、与我家结怨的后果。这个事情，我没有告诉父母，因为父母一定会阻拦，会认为我发短信沟通的行为是在求饶。而我之所以选择发短信而不是打电话沟通，是因为我想确保自己想表达的东西能全部被对方收到。

第四，打 110、打 12345，给县长信箱、扫黑除恶办公室写信访件，搜集邻居四处侵占别人宅基地的事实，准备在村里发传单，并上网闹舆论。

第五，找律师，写诉状，跑法院。

总之，我能想到的所有办法，几乎都想过了，也付诸行动了。

不过，最终起效用的还是那通短信。

那通短信，我是这么写的：

叔叔，您好。我是某某的女儿，这次从广州回来陪父母处理宅基地纠纷事宜。因某某某强占我家宅基地一事，我想跟您做个沟通。

我们都是在党旗下工作过，也都是见过世面的人，我也觉得您应该更加明事理、好沟通一些。其实就我自己来说，那点破地方也值不了几个钱，占了那点地方也没法让他发财致富，从风水角度来说他完全是在堵自己财路，我们让他三尺又何妨？

但我父母觉得，前一次对方修建一堵水泥墙，让我家的轿车进不了门，我家已经让过一次，这一次不想再让。他们决定在这件事情上死磕到底，不计代价，不计后果。我父母已老，我不忍心看他们为这件事情烦心，所以，我会尽我所能支持他们追求公义。

其实这个事情换我来处理的话，我的处理方式可能不会那么拖泥带水或温和，因为我家老房子可以不要，我也不会让父母在老家养老。双方真要死磕起来的话，投鼠忌器、有所顾忌的可不是我们。

我的性格可不像我父母一样懦弱，若是没点格局、不够彪悍，我也混不到今天，但现在，我只能尊重父母的意见，先礼后兵。今天发短信给您，是觉得您当过村干部、出过远门、见过世面，做人做事更明白一些，所以，想请您再次跟您弟弟沟通一下。

明眼人一看情况就知道谁是谁非，但他们现在不服村公所和司法所的调解，我们必定会死磕到底。我父母甚至决定拿三十万出来争这口气（以前我家穷，在村里经常被人欺负，但现在出得起这个钱来死磕了，社会也不同了），您弟弟若是太过分了，兔子急了还会咬人呢，您说对吗？

目前，恰逢扫黑除恶的政策背景，政府也需要抓典型，而某某某占的面积完全属我家房产证范围（法院只讲证据），他败诉的可能性非常大。届时，对方不仅需要支付所有的诉讼费用、申请强制执行费用，还会搞得很没面子。如果拒不执行，他被列入失信人名单，以后他自己坐高铁、飞机，向银行贷款都会受影响；如若阻碍执法，还有可能获刑。

某某某占掉的那点宅基地，是排水、通风、消防、修缮房屋会用到的重要通道，他不能占，我们的诉求只是恢复原状。他占了那点巴掌大的地，不会因此大富大贵，而且现在都什么年代了，有强占那点地的功夫，跑到外面挣钱不是更容易么。

大家邻里邻居的，搞成这样没必要。俗话说，多个朋友多条路，少个敌人少堵墙。冤家宜解不宜结，到时候事情闹大了，想必你们也不希望两家人的后代继续为这么点事结仇。

写这个短信不是求饶，也不是威胁，而是心平气和地沟通。为这件事打扰到您非常抱歉，但若是此事经您斡旋能和平解决，我这边感激不尽。谢谢您。

短信发出去一天后，头一次沟通时态度非常强硬和嚣张的邻居提出来会拆除铁门。

我马上打开电脑，“唰唰唰”写完了“调解书”，一二三四五几条写得清清楚楚，并顺道提了邻居家建水泥墙堵住我家大门、导致我家轿车无法停入院子的历史问题，次日找了人打印出来，递交给村公所。

我跟村公所干部说：“对方口头承诺的不算，以前挨着他家的所有邻居几乎都吃了他家只做口头承诺的亏，这次一定要用白纸黑字落实，签字画押。请您转告他家，今天之内来把这个协议签了。他签完，我们家才撤诉（实际上我家只是递交了诉状，法院都还没受理）。”

我又给邻居发了短信，要他来签字。

签约日期到，双方寒暄客套了一番，各自爽快地签署了调解协议。

一个困扰了我爸妈几个月的问题，就这么解决了。

事后想来，我和父母最大的区别，或许就在于敢于向外界进击、沟通，愿意去尝试，而他们只会在家里没完没了地吵架、内耗。

（三）不为失败找理由，要为成功找方法

在我之前住的低密度小区，我成功做过两起维权，一起是成立业委会，一起是更换新电梯，并且都把事儿给办成了。当时，因为隔壁小区发生过物业公司前保安队长殴打想要成立业委会的热心业主的事件，我妈担心我被物业公司报复，极力阻止，但我不信邪，一定要试试看。

当时，开发商配置的电梯也有点破旧了，故障率有点高。我忍受不了那个破电梯，又不想换房子，就发起了几轮维权行动。

身边也有人劝我："你别做这种吃力不讨好的事儿了，成功率很低的。这是嫌自己还不够忙吗？别人能忍受破电梯，为啥你就不能忍？你一女的，又年轻，出面做这种事情能服众么？要是中间沟通不畅，有人给你气受或打你怎么办？"

我说："没试过怎么知道？有些事是'不敢才难'，不是'难才不敢'。要征求 360 户人的意见，我就不干了。这才 36 户，难度不会很大吧？至于性别和年龄，从来不是干事的阻碍。"

从扫楼发传单到建群，再到发起更换电梯倡议，到最近新电梯通过验收，

大概过去了三年。其实我也没付出多少工作量，就是写了几份文字材料而已。

其间，也出现过工作推动不下去的情况。我们那栋楼一共就 36 户人，连不常使用电梯的 2 楼业主都同意更换电梯了，可顶楼还是有一户不同意，也不愿意摊钱。

我们几个热心业主轮番上阵做了很久的思想工作，可业主就是油盐不进。可是，总不能因为他们一家不同意，就弄得全楼栋换不了电梯吧？

有几个热心业主建议再等等，说是和气生财，可我实在忍不住了。谁知道这么等下去，又有什么变数呢？到时候有业主卖房子，我们又得再动员一次。这种“临门一脚”的事情，就得使出霹雳手段、速战速决。

于是，我跑去拍门，并送达了通知书，给那个业主下了最后通牒。

通知书大意是：你不同意可以，你应该分摊的费用我们剩下的 35 户分摊，但电梯开通后，我们实行“刷卡上电梯制度”，你家只可以用电梯下楼，上楼得爬楼梯。发这份通知书，不是来跟你商量，而是通知你的。三天内不缴款，我们就这么干了。

第二天，该业主主动联系我，交了钱。经过两个月的施工，我们现在有使用寿命至少二十年的大牌新电梯可以用了。

房产中介说，因为更换了新电梯，我们这栋楼的业主要是卖房子，至少可以加价 10 万元，出租的话每月可以增加租金几百块。

我们楼栋，成为小区里第一个或许也是唯一一个能换成新电梯的楼栋。如果我想把一件事情做成，就会努力去找突破困难的方法。

办这种公共维权事宜，必须要有一个强有力的人站出来，先把思想动员工作做到位，再硬着头皮往前推。做这种事，一定要一鼓作气，每个阶段都要有个进展，不要干一个月、歇两个月，不然，所有人都会泄气，大家的热血也会凉。

要成立业委会，宣传的时候就要做到以下几点：

第一，勾起广大业主对物业公司不当行为的回忆。小区有的业主在与物业公司的沟通中有过不愉快的经历。你不勾，他们可能都想不起来。

第二，给业主们讲好处。比如，隔壁某某小区成立了业委会后，换了物业公司，小区房价增值了多少（每套几十万），这是巨大的隐性收益。这笔钱，不比你打工差，但无需你像打工那样辛苦，因为你只需要支持和配合下就行。

第三，对租户进行劝导（很多业主不住小区）。比如，成立业委会后，对改善你的居住环境有啥好处（物业公司受监督，毕竟，租户对小区管理的不满肯定也是存在的）。现在，只需要你稍微动个手指头帮个小忙，把业主拉到群里就好了。

进群之后你可以找到周围的邻居，平时可以在信息方面（比如求租房、求租停车位、求周边配套等方面）跟邻居互通有无，对你也是有好处的——简而言之，一定要给人家好处，人家才会帮忙。

写好动员书后，挨家挨户扫楼，每栋楼建个群，选个楼长出来。有通知先联系楼长，将一盘散沙的局面改成“有组织，有层次，分工有序”。

如果暂时拉拢不起来那么多热心志愿者，怎么办？只要有一个人强有力去推动，这事儿就能进行下去。一遍扫楼不行，就扫三遍。找到可以团结的业主，拉动别人跟你一起干。

搞维权这种事情，观望者众多是必然的，但情节发展也跟《让子弹飞》里拍的是一样的：谁有赢面，他们帮谁。所以，初期最艰难的阶段，一定要扛住。当你扛过了那个“增大赢面”的临界点，事情就会变得异常顺利。观望的人也会加入进来，最终汇聚成一股势不可挡的潮流。

到这一步，逐个击破最后那几个钉子户业主，就变得容易了，因为他们要是不答应，那就是站在了大多数人的对立面。而且，过半数或七成后，也由不得他们是否同意。

我做两场维权，初期只有我一个人在张罗，但后期愣是凭着一股“我就不信这事儿还能干不成”的决心，坚持到了“观望业主加入”。不管做什么事情，“研究人性”一定要放在“做事情”的前面，而且做事的愿力、执行力也很重要。

（四）分清是“现实存在的困难”，还是“想象出来的困难”

我以前需要招聘一个全职助理，并在网上发了招聘启事。

有个姑娘各方面条件都挺好的，做事态度、能力都相当不错，是我非常想要的助理人选。她自己也为来广州工作、生活做了一些准备，最后一步是向原单位提离职。一开始，我们双方谈得很好，我也愿意等她一个月。

岂料，在我问她准备什么时候辞职的时候，她表现出了极大的犹豫。我突然意识到，她来我这里工作的愿力不足，索性跟她说清楚以后，另找高明了。公司要运转，人才是关键，我没办法一直耗费时间和机会成本去等待一个可能最终会放我鸽子的人。

这个姑娘很久以前就想离开家乡来广州这样的城市闯一闯，但是当真正适合她的老板和机会摆在她面前的时候，她败在了“想太多”上。

她犹豫和纠结的原因是底气不足，心中顾虑太大，甚至有可能在想象中夸大了“换城市、换工作”的困难。

这些困难，有好大一部分不是“现实存在的困难”，而是“想象出来的困难”。

无独有偶，曾经有一个网友跟我发私信求助。

跟丈夫离婚后，她带着五岁孩子回父母家生活。看了我写的书后，她了解到离婚本身并不可怕，但是，她总是担心万一她或者她父母出了意外，那儿子怎么办？毕竟，她前夫是不会履行一个做父亲的责任的，儿子完全指望不上他。因为这点，她每天晚上都睡不好，失眠很长时间了。

我给她讲了这样一个故事：

有一天，一个人遇到了死神，就问他：“你要去做什么呀？”

死神说：“我要去带走 100 个人。”

那个人说：“好可怕！我提醒一下大家！”

于是，他到处向别人散播死神当天要带走 100 个人的消息。

夜晚降临的时候，他发现死神带走了 1000 个人。

这个人质问死神：“你说要带走的是 100 个人，可你没有遵守诺言。”

死神淡定地说：“我的确只想带走 100 个人，但有 900 个人因为怕死而死了，我只能把他们也一起带走了。”

在这个故事中，有 900 个人是被“吓死”的。

在我看来，一个人因为“想象出来的事情”而焦虑，就是一种无效焦虑，只会让人产生内耗，对解决问题毫无用处。

年轻时候，我做个决定总是患得患失、犹豫不决。

24 岁，我准备买入人生中第一套房子。那时候，广州珠江新城的房价也才一万多一平方米，但我看房子越多，就越是纠结：现在是东南亚金融危机，说不定房价还会往下走呢，我现在买了，是不是就“高位接盘”了？我现在买的话，只买得起一套两房，可我将来肯定要成家、要住三房的，那么，等我交了男朋友，再和他一起买一套大点的，不是可以一步到位了吗？每个月房贷要还四五千，对我来说压力有点大，我将来要是还不起房贷了可怎么办？这套房子差，那套房子不行，肯定还有物美价廉的，我要再看看、再等等。

这一看、一等，就是一年，广州的房价也嗖嗖嗖往上涨。一年之后，我坐不住了，赶紧买了一套。一年前够买标准两房的钱，一年后只够买个“准两房”了。

也是这件事情让我意识到：那些阻碍我们行动的借口，往往只是来自我们自己的臆想。有些事情，我本可以毫不犹豫地去做。做了之后，若是遇到问题，再去想解决它的办法。只可惜，我总在犹豫、纠结，白白浪费了时间、精力和机会。

“凡事三思而后行”，这话当然有道理，但它说的“三思”针对的是“行动”，而不是站在原地瞎想。瞎想，很多时候只是“拖延症”的变种。毕竟，比起实实在在的行动，“瞎想”毫不费力，只需要我们在脑海中转几个念头就行了。

换而言之，我们“想太多而不去做”，本质就是“好逸恶劳”。

只要你去做，很多事情其实没有那么难。

心理学上有个“黑箱效应”，意思是当你对情况不够了解、感受到比较多的失控感的时候，你首先想到的是坏事。

比方说，假定你的孩子放学后晚回家了一个小时，你首先想到的可能是：孩子会不会出意外了？或是被拐卖了？

又比如，丈夫失联，你首先想到的也是：他是不是出轨了？出意外了？

绝大多数人遇到这种情况，都会往坏的地方想。

“黑箱效应”是自然淘汰的结果，也是刻在人类基因里的东西。那些对危险、坏事缺乏警惕性的人，很有可能因为觉察不到危险而死于非命。

“人无远虑，必有近忧”，因此，保持适度焦虑、学会未雨绸缪，是明智的表现。但是，过度忧心忡忡、杞人忧天，却只会对我们的身心形成无意义的损耗。

事实上，我们忧虑的事情，有90%根本不会发生，是我们将它“小题大做”了。

现实生活中，确实不乏这样“为想象出来的事情焦虑”的人，可是，人的时间、心力有限，如果你的能量都用来应付“臆想出来的困难”，那么，当你真正面对“现实中的困难”时，能量可能就不够用了。

（五）行动才是缓解焦虑的良药

到了一定年纪之后，我觉得我们也应该要“省着点用自己”，把时间、心力花在“刀刃”上，少做点无用功。

如果实在没法克服自己的焦虑，可以去寻求专业人士的帮助，或者去行动。

行动，很多时候是解决焦虑的灵丹妙药。

比如，有时候，一想到我有一本书的书稿还没交，我也会陷入焦虑。我解决它的办法，就是马上爬起来去写，逼着自己先写三百字，紧接着你会想写三千字。写着写着，你就会发现：让你焦虑的问题，好像不是什么大问题了。

享受当下、集中精力解决当下面临的现实问题就好，为“可能会发生，也可能不会发生”的事情忧虑有啥意义呢？

我们每一次出门都有可能会被车撞死，也没见大家都把自己锁在家里。即使在家里待着，哪儿都不去，也有可能地震哪，是不是？

我一个朋友在做生意方面超有执行力。

她做的是旅游生意，一开始接的是散团。某一年，接到一个小团，里面有一对情侣，但团队事先不知情，就把这对情侣安排到了两辆车上，引起了情侣的抗议。

团队意识到两人是情侣后，立马给两人调换到了一辆车上，结果，车开到大理，出车祸了。其他人都幸存，就这对情侣没了。去大理处理情侣的后事期间，她受尽刁难、扯皮和折磨。谈判进行了一轮又一轮，她也曾经被情绪失控的家属打骂，但作为她的好朋友，这期间我从来没有听到过她抱怨过一句，后来在与司机、保险公司、旅行社等多方协调下，此事得到妥善解决。

这期间，她去古城散心，想做一组旅拍，但发现每家店都人满为患，她顿时觉得这是个商机，然后马上拉资金、拉人头、找店铺，在旅游旺季到来之前让店铺开张了，一个旺季就让她收回了成本。到旅拍行业竞争越来越激烈的时候，她又适时退出，去做了别的行业。

她做任何事情，从来不会给“不行”找借口，永远在问：“这个事情能不能干？赚头是多少？如果能干，现在遇到的问题怎么解决？”当她把时间和精力都花在解决问题上，自然也就没时间内耗了。她常常挂在嘴边的一句话是：“这钱就活该我来赚啊，不然谁有资格赚？”

另一个朋友，则是个富二代，从小就不好好学习，但精力特别充沛，特别喜欢交朋友。上中学时就开过服装店，亏到一塌糊涂，后来又试了很多行业，做电商赶上风口，狂赚了几千万。

这两年电商生意不行了，他又倒腾别的。先是倒腾出来一个洗护用品，但项目貌似黄了。

某天，他去改装自己的豪车，花了十几万，想跟店家砍价五千，但愣是砍不下来，因为店家根本不缺生意，他后面还有十几辆豪车等着改装。

他一想：那是不是说明这个行业现在供不应求啊？那这个生意有搞头啊。

于是，回到家里，他立马拉资金、拉人头、找店铺，开了一家豪车改装店，就开在原先那家的对面。

店面装修过程中，施工的人不小心把楼上的广告牌砸掉了，楼上的租户上门来交涉，他果断加了人家微信，给人赔钱。

再一研究对方的朋友圈，他发现对方居然是一个粉丝量高达六百万的网红，于是，他立马拿了几千块钱的酒以及自己做电商卖的货品 VIP 礼盒，再次登门谢罪，说自己“有眼不识泰山”，同时询问能否请网红吃饭谈合作。

接着，他又请网红吃饭，给网红公司的员工都送了礼物，成功说服网红帮他这个店营销。给的费用远远低于市场价。不到一个月的时间里，店铺已装修好，核心技术岗的师傅已到位，流量到位，店铺呼啦啦就开起来了。

甭管他这个项目是否成功，我得承认：我被他这种资源整合能力、执行力给震惊到了。

绝大多数人看到豪车改装店对客户爱答不理，第一反应可能就是骂，但他发现了一个商机，并且没有让它仅仅停留在脑海里，而是将它变成了现实。

绝大多数人在装修过程中遇到冲突，很有可能会把别人变成敌人，而他把人家变成了自己的合作对象。

绝大多数人遇到能为自己所用的网红，很有可能只是跟朋友说一下“嘿，我楼上有个网红”，或者，即使知道网红对自己有价值，但在没有彻底拿下网红之前，也不舍得搞人情投资。所以，他能赚到大钱。

所以，你看，世界不属于“内耗严重”的人，而是属于“想好就干”的人。

人生的本质就是不稳定，这世界上也根本没有稳定、长久的东西。

当你看穿了这一点后，或许反倒更能安心地享受眼下的、实实在在能抓住的东西。

哪有什么永远？我就要现在。

这年头，最不缺给你灌输焦虑的人，而我们所要做的，只是活在当下，享受当下，想好了就去做。此时、此刻，才是最重要的。

不管怎样，先干起来。未来的事，未来再说。兵来了，将挡；水来了，土掩。

第二节 通过提升认知，实现财富积累

（一）要破除对财富的认知障碍

不要怪我世俗、势利，我觉得一个人的智商和能力水平到底在哪个区间，赚钱能力应该算是衡量标准之一。我说的是，纯靠自己赚钱且拿得住钱财的能力。别人给你钱或是钱到你手上过了一遍又溜走的，不算在内。

钱对每个人来说，都是一项重要的生产资料、生活资源。

我对于那些纯靠自己赚到大钱的人，会高看几眼。这说明，这个人在某些方面，有过人之处，人家或懂得看趋势，或懂得抓机会，或懂得配置资源，或思维敏捷且行动力强。看到这样的人，我第一反应是去观察、去学习、去模仿、去结交，而不是去抬杠、去找碴。三人行，必有我师。而这个“师”，不需要教育部门颁发证书。对方有比我高的地方且愿意给我传道授业解惑，那就是我的“师”。

财富的积累不仅是个人勤勉和智慧的体现，更是对社会趋势、深层财富逻辑的理解，以及对人性深度洞察的结果。而这种能力，必须要靠不断学习、实践、验证、总结，才能得到。

小时候，我理解的商业，就是低买高卖。说白了，商业就是做销售。但为什么有的人成为企业家，有的人只能当小商贩？真是出身和原始资本决定的吗？可能更多是由认知决定的。

所有的生意模式，都是资本的运转。而做这一切，主要靠你对人性的洞察、理解。

普通人要明白财富的运行逻辑是什么，要对世态有所洞察，然后进行研判。

（二）学会看天、看地、看别人、看自己

人活在这个世界上，一定要学会看天、看地、看别人、看自己。

所谓的“看天”，说白了就是要学会看趋势。

而趋势是什么？是共识。

从各类数据、身边的现象等，认真去感受、去判断，对未来趋势形成一个模糊的判断，再根据收集到的信息，尽量让这个判断变得清晰。

比如，之前我们讲过人口出生率持续下滑、养老行业兴起、再过三四十年超高层建筑可能成为最难出手的危楼……这说的只是一个趋势。你可以在适当的时候，提前布局，但如果你看到这话，立马将其理解成“房价马上暴跌了”“我现在马上投资养老业，就能赚钱”“现在开始不要碰超高层住宅”，那只能说你可能会损失很多机会成本。

所谓的“看地”，说白了就是要学会看自己所处的城市、行业、位置的情况。

人是要看天（时运）生活的，也是要看地（地利）生活的。

有时候，择城、择行业，比你择偶还要重要。

去哪个城市生活，选择从事哪个行业，比我们在微观层面努力更加重要。

二十年前你留在广州工作，你的同学留在汕头工作，你们都在差不多时间买了房，二十年后你们的资产差异可能像是分处两个不同的阶层。

二十年来你做女装电商，你的同学开了女装实体店，假设你们能力差不多，很有可能二十年后，你们双方的收获大不同。

看别人，就是学会读人、识人，然后，结交和铺设人脉。人生到某个程度之后，你会发现：自己一直活在关系网中。你认识什么人，跟这个人产生怎样的化学反应，直接能决定你的命运走向。

所以，要经营好自己的关系网，利用这张网让自己起跳，比“微观努力”更重要。

最后，才是“看自己”。

你会发现，选择比努力重要，而前面我们说的都是选择，最后一项才是“努力”。你了解自己的优势、劣势，再去精准发力，事半功倍。

而前面三项看天、看地、看别人的技能，归根结底也是要由你自己修炼出来的。在大方向上、顶层设计上形成高认知，在小的方向、底层逻辑上久久为功，上下联动，我们的人生才能过得相对轻松一些。

而修炼好这些技能，需要的就是知识积淀。积淀从哪儿来？从读书、读人、读世和实践中来。所以，读书有用吗？当然有用。没用的不是书，而是人啊。

（三）靠能力积累财富，靠认知守住财富

普通人想要变有钱，不要指望通过买彩票、炒股等方式暴富。你的财富积累之路，只能是一步一个脚印、几步一个台阶，不可能靠天降横财。

第一个阶段：努力提高薪酬。

普通人一般也没钱、没那个胆识创业，我们能赚到钱的最靠谱的方式就是去打工。找到一份工作后，靠学历、靠勤奋、靠人脉，靠什么都好，努力提高自己的收入。做销售，你就比别人多卖点；做行政，你就比别人醒目一点，升职快一点。总之，第一阶段要想方设法提高自己的收入。

第二个阶段：努力节流。

不要做月光族，不要寅吃卯粮，不要超前消费，不要沉迷于奢侈消费，而是量入为出，根据自己的需要（而不是欲望）去花钱。比如，你需要一个包，那就买一个性价比高一点的，这是需要。但你买个包，一定要买几万的奢侈品牌的包，这就是欲望。你只有通过努力节流，才能构筑自己的财富堤坝，拥有一小汪属于自己的“财富之水”。

第三个阶段：提升认知，继续节流，可适当开源。

有了一点积蓄后，其实更方便你节流。比如，你开始买一套自住房，用月租去抵扣房贷。你把钱存在银行里，可以产生一点利息，用这点利息钱去买

菜。与此同时，你也可以适当开源。比如，多请客吃饭交朋友，探听各类可以赚钱的信息差，做点小兼职。你可以投资自己，提升自己的学历和认知，然后去职场中交换到更多的利益。这个阶段，你基本还是处在拓展积蓄的阶段。

第四个阶段：在设置好止损线的前提下，适当冒一点风险，追求高收益。

前三个阶段完成，你也相当于给自己准备好了“资金安全垫”。即，你已经给自己留好了后路，然后，在这个基础上，你拿出多余的积蓄去创业、去炒股、去做投资或是做点什么收益高、风险大的事情。“富贵险中求”，不冒险的话，你根本发不了财，但你不要一把全部投入。

基本上，很多白手起家的成功者，都是在第四个阶段成功的。如果这个阶段你没能成功，但因为你设置好了止损线和“安全垫”，你即使失败了，也输得起，无伤大雅。

但我发现，很多人弄反了。他们兜里只要有了第一笔钱，就一把全部投入。可全部投入得起么？经历过前三个阶段的人都不敢全部投入。

人都是需要经历前三个阶段的锻炼，才能积累到一点实力和眼光，而且还要靠运气的成全，才能发财。你上来就全部投入，这是赌博。

赚钱是靠能力也靠运气的，但守财主要靠认知。人很难守住自己认知之外的财富。平时可能省吃俭用，但一遇到所谓的赚钱机会就立马倾囊去搏。结果呢？赚钱速度如积雪，亏钱速度如雪崩。辛辛苦苦三十年，很有可能血本无归。

曾经，有一个四十岁的女性，把好大一部分家庭资产都投给了年化利率畸高的某理财产品，结果损失惨重。我同情这位女士的遭遇，也痛恨这些上市圈钱、骗钱的机构，但也为他们这个家庭的资产配置方式感到遗憾。她几乎从来没吃过苦，没遭受过社会的“毒打”。从小父母安排好一切，公婆有钱且老公信任她……然后，在家庭财富配置上，她出现了智商短板。

一般来说，按照标准普尔家庭资产配置象限图，投资的钱不可以超过家庭资产的百分之三十，而她几乎是全部投入，而且还是卖房子全部投入。

赚钱能力重要，守财能力也重要。具体要怎么守财？我觉得有三点：

第一，把财富管理当成贯彻一生的课程来学习。

对成功者来说，个人财富管理很重要，对普通人来说更是如此。不要觉得自己没啥钱，就不去学这个。建立了财富管理的正确认知，它可以让你慢慢积累资产，减少财富流失的风险。

第二，正确认识自己的生态位和能力层，谨慎投资。

隔行如隔山，不要轻易跨行业投资。我自己在基金、股票这方面也是交过巨额学费的，愿赌服输。在一个行业浸淫了几十年的专业人士，都小心谨慎，更不要说新手。普通人好不容易赚点小钱，守好它比什么都重要。

第三，等有了一定的原始积累之后，建立好自己的“安全垫”。

所谓的“安全垫”，就是把自己用于基本生活的财产与投资隔离出来，不管发生啥事儿都不要去动用这笔资金。当然 35 岁之前你可以搏一搏。有老有小、年纪又大起来以后，就不要这么莽撞了。

第四，鸡蛋不要放在同一个篮子里。

我看很多家庭把所有钱都放在房产上，或是把所有钱都用来投资理财。我个人是不大认可这种做法的。普通人也要做好规划。

下面是标准普尔家庭资产配置象限图，你可以作为参考。

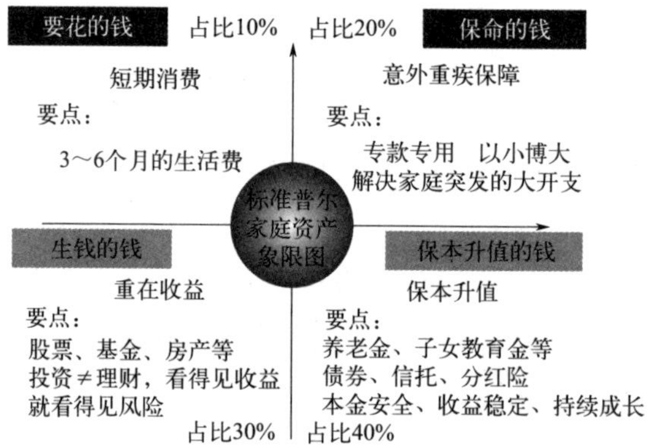

我自己的做法，比普尔家庭资产象限图更保守一些，可供大家参考：

① 放大部分钱在房子上，毕竟住房是我的“刚需”，只要社会稳定，房子还是一个比较安全的储钱工具。

② 在资产配置方面，着重考虑稳定保本的方式，比如银行存款、国债、大额存单等。

③ 有余钱的话，配齐保险，但不要买太多。

④ 超过3%、低于8%收益率的投资（比如股票、基金等），可以配置一点，但不超过闲余资金的20%；不懂的或是收益率太高的，不投资。

很多人真的不是挣钱能力不行，而是守财能力不行，才导致人生溃败的。

（四）财富是心力和格局的外在体现

一个人想要驾驭财富，也是需要心力的。

我现在越来越觉得，决定一个人有怎样的成就的，往往是心力。财富、成就等，只是高能量、高心力的结果。

我所认识的高手，都很精力充沛。他们的心力天生比别人足，心力消耗了以后，恢复也比别人快。

心力足的人，遇水搭桥、见山开路，总能披荆斩棘、过关斩将。哪怕遇到了很大的坎儿，总能自我调整，继续往前。

在向上攀登、向上社交的过程中，心力足的人也能够忍受住靠近“高能量之人”带给自己的那种灼烧感，然后，把自己的自卑心态调整成不卑不亢。

在向下管理的过程中，心力足的人又能够包容甚至利用“与自己不同维度的人”。

心力不足就不行了。精神内核不稳，很容易受外界风吹草动的影响。往上走三步，就要歇一下、退两步，最终一事无成。

而大多数人的心力高峰期往往是在 30 岁到 45 岁之间。30 岁前只是体力强，45 岁后体力和心力都不济，人生开始漏风。但人和人的心力差别不同，有人还能高歌猛进，更多人只能降低野心，让自己的能量值卡在某个“点位”上，不至于下滑。

所以，少年人的膨胀可以原谅，但中年人的膨胀不可以。把人生的涨潮归结于自己厉害、对未来的风险视而不见的人，终究要面对退潮后的一地狼藉。

古往今来，能稳稳接住巨额财富的人是很少的。

绝大多数人遇到大财，都不过是“财来财去一场空”。

早些年，我认识投行一个年轻男性，二十几岁就赚到了八九千万。

这两年，这些钱财他出了个精光。

如果把财比喻成水，那么，绝大多数人拿的只是一个饭碗，只能接一点水喝。

水小一点的话，只要你勤快去接，终归是渴不着。

水大一点，像瀑布一样流下来，你拿碗去接，很有可能被冲出去一大半，碗里反倒所剩无几。

如果是洪灾、海啸带来的水，得，连你的饭碗乃至你整个人可能都被巨大水流冲走，那你可能也享受不到这个福分了。

这种风口给你，你要不要？

普通人还是过点小富即安的生活就好，除非命运给你的不是饭碗，而是青铜做的饭缸。但你也得有把它举得起来的本事才行。

每个人的财富都是以自身的承载能力为基础的。

你就像是一艘船，船上的货物就是你所能获得的财富。

你这艘船能承载多少财富，取决于你的吨位、你的吃水能力。

你自身承载能力强，你就能留住财富；你自身承载能力弱，那就算你一时得到了大财富，很有可能也会翻船或是慢慢散出去。

人都是有损失厌恶心理的，得到的财又散出去，可能比“得不到财”更让人感到痛苦。

所以，最重要的不是快速去赚钱，而是增长自身的能量。承载财富的“工具”若是没有搞定，财来了你也接不住。

而如何增长自己的能量？我觉得需要走正道。即，尽量多去做利他的事，而不是——用损害别人利益的方式，来换取自己的财富增加。

这种利他行为，实际上也是在构建自己的风水和磁场，吸引更多跟你同频的人来到你的身边，最终，你会受到这些善缘的滋养。

如此一来，你不仅得到金钱上的收益，还能得到真正的人脉，你的能量、你对财富的承载能力会上升。

《道德经》说：“夫唯弗居，是以不去。”这话的原始意思是：正是因为不居功，所以，一个人的功绩反而无法磨灭。它可以延伸出另一套哲理：生养万物而不据为己有，培育万物而不自恃己能，功成名就而不自我夸耀。正因为你懂得利他、你尽量不伤害别人的利益，利益反而不会离你而去。

财富不仅仅是金钱的堆积，更是力量的产物。它是实现目的的手段，而非目的本身。它不仅仅是金钱和物质的积累，更重要的是资源的合理配置与创造力的发挥。享用财富也不是人生的目的，人生的价值感来自你成就了多少事、帮到了多少人。因为你的行为合乎天道，天道奖赏你作为这些财富暂时的代持人。因此，财富的创造和积累更应该以社会的需要为导向，以合理利用和创新创造为手段，以实现个体的成长和社会的繁荣与进步。

第三节
吃得了苦、沉得住气，才能扛得起事

（一）世界会奖励能吃苦的人

网上有这样一句话很流行：“金钱都流向了不缺钱的人，爱流向了不缺爱的人，苦难也流向了那些能吃苦的人。”

我不大同意最后一句，因为我就是那种很能吃苦的人。

17 岁参加高考，我知道那应该是改变我这个农家女命运的、最低成本的也是最后的机会，我真的是全力以赴去备考的。十年寒窗苦读，我很耐得住寂寞，别人在校园玩到找不着北，我能稳坐在教室里刷题。在考场里，再简单的试卷，我都有定力坐到收卷铃响，就是为了反复检查可能因粗心而做错的题。

上大学，靠的也是“能吃苦”。像我这种从农村走出来的大学生，去到北京那样的繁华都市，怎么不想出去玩？可我愣是靠助学贷款 + 省吃俭用 + 勤工俭学，没用过家里一分钱，顺利完成学业。

来广东找工作，我屡次碰壁的原因不是“找不到”，而是我没找到“满意的”。一想到我花完 2000 块积蓄还没找到工作，可能就面临“毕业即失业”

的困境，我感到很羞耻。然后，我真的住过 20 块一晚的旅馆，睡过火车站，每天吃拉面，6 点起床去网吧投简历（过了 8 点，网吧收费从 1 元一小时变成 2 元一小时）。我用那么小的成本，找到了一份可以让我快速还完国家助学贷款的工作。

25 岁买第一套房子，首付用的也是我省吃俭用积攒下来的钱。装修时，为了省点钱，我一个人扛过沙袋，搬过瓷砖。离婚后，我咬着牙扛过那些蚀骨的疼痛和不甘，发誓要在孩子上小学之前实现“哪怕前夫不给任何支持，我也有本事不让孩子的生活质量下降”的目标。虽然我所预想的“前夫不给任何支持”的情况暂时没发生，但我当初立下的目标，真的实现了。

辞职创业几年，感觉办企业真的好难啊……但我几乎用压榨和虐待自己的方式，解决一个又一个的难题。

对我来说，人生就永远没有“安全”和“安逸”的时候。可是，苦难只流向“能吃苦”的人吗？未必。苦难就像一阵雨，随机流向任何人，不然就不会有“众生皆苦”这个词了。

所不同的只是，能吃苦的人，能顶住；不能吃苦的人，都没机会把自己受苦受难的故事向众人讲出来。所以，我认为“苦难流向能吃苦的人”这话之所以流行，是因为“能吃苦的人”掌握了一定的话语权。

没别的，就是因为不能吃苦的话，你会活得很惨啊，你连喊苦的机会可能都没有。

都在说现在大学生就业形势很严峻，但我觉得这也跟这一代大学生的家庭环境整体相对比较好有关。换而言之，如果他们回家啃老，做全职儿女，家里也能支撑他们啃老十几年。他们基本上没有太大的生存和生活压力，就可以对工作挑挑拣拣。而部分高校培养出来的人才与市场需求严重脱节，就形成了结构性失业。即，某些岗位需要人，但招不到人、后继无人；某些岗位不需要那么多人，但大学生们扎堆跑去竞争。

我本科毕业的时候，差不多是20年前。那时候很多人大学毕业如果不去找工作，那就只能回家种庄稼，可种庄稼是一个多苦的活计啊，比进厂打工要辛苦多了。所以，我大学毕业的时候，人家给我一个月1800元的工资，我也愿意干的（那时候的1800元，可能也就相当于现在四五千吧）。

我可以接受跟五六个人一起住在集体宿舍里，可以接受毕业后三年都不买洗衣机和冰箱，甚至我能接受不用热水器热洗澡水，我用的是电热棒。如果不是广东天气太热了，我都不想买空调。

比我早一年毕业的师兄师姐，参加工作一年后，住宿条件依然很差。有的依然住大通铺，有的人住的房间压根儿没有任何可以透气的窗户，一关了门再关了灯，房间里就伸手不见五指。为了省点钱，我们去到很远的地方都要坚持等公交车。

如果有工厂愿意要我，我也会愿意先进工厂锻炼的。当时我真的往工厂投递过简历的。我从来没有觉得，我是个高考状元，我是个大学生，我就要去写字楼上班，就必须要当白领。毕竟，只要在城市里待着，只要月工资超过1500元，我就比回到农村强，也比在大学里阔绰一点了。

可现在的大学生，有几个能吃这种苦啊？当然，从另外一个层面来讲，他们也是因为上一辈给打好了相应的基础，不需要再去吃这种苦头了。

我想起一个大学毕业后就赋闲在家、一直没出去工作的网友。她说自己在家里常年被父母唠叨、批评，为此，她感到很痛苦，说她很羡慕我现在经济独立，想做什么都可以自己说了算。

可是，一旦我建议她支棱起来出去找一份工作先做着或是从父母家里搬出去住，她又打退堂鼓了。我就明白：她想要的，是“既不用受气，又不必吃苦”的生活。

作为一个从农村出来的人，我过去那些年吃过的苦，包括寒窗苦读的苦、在大学里枯坐图书馆看书的苦、找工作时穷到睡火车站广场的苦、工作后出差和加班的苦、离婚后家庭和育儿责任一肩挑的苦、创业后跑业务的苦，很多人真的吃不了。

绝大多数人只喜欢花钱，但不喜欢赚钱。绝大多数人只喜欢享福，但不喜欢吃苦和受气。他们希望的福气，不是先苦后甜、先受气后顺气，而是一夜暴富，是祖坟冒青烟，是躺着也能赚钱。

很多人想破局，但最终破不了，缺的不是方法，而是吃苦耐劳的精神。他们想到破局之前，要蜕一层皮，就又退回到局里去了。

可人生哪有那么好的事？吃苦和受气，你总得选一样。

（二）吃苦和受气，你总得选一样

很多女性找我咨询的问题是：在婚姻里，我很受气，到底要不要离婚？

可是，当我听完她们倾诉的全部内容后，发现很多这样问的女性，根本没有离婚的底气和资本。

比如，有一个来信者的情况是这样的：她老公出轨公司助理多年，还带助理去见了公婆，助理甚至还住在公婆提供的房子里。公婆很喜欢助理，因为助理生的是个儿子。

来信者前几年辞职在家照顾孩子，没有上班，而且跟公婆的关系搞得很僵。她刚结婚时，公公就要她把工资交给他管理，她没同意，于是公婆就对她百般挑剔，导致她和公婆几乎不来往。更要命的是，她老公竟也觉得自己父母是对的。

她问我："羊羊，我和老公不能离婚，可就这么耗着我很痛苦，很多次想自杀。我该怎么办呢？"

来信者说她不能和老公离婚是"为了孩子"，但明眼人都看得出来，孩子只是一个"挡箭牌"，真实的原因是：她没工作，没多少积蓄，也没有给力的娘家。真要离婚了，可能养不活自己，也养不活孩子。过惯了当家庭主妇的日子，她也没打算去上班挣钱。

我只能回复她："你找我倾诉，是想让我陪你一起骂老公吗？因为我看得出来，你根本不打算离婚。你都已经匍匐到了峡谷底，但你想要的方案还是'如何快乐地忍气吞声'，可世界上哪有这种事情？这世界上会有不需要做手术就把恶性肿瘤从身体里拿出来的事情吗？没有的。不想离，那就忍着。不想忍，那就离。反正呢，人活一辈子始终都要吃苦、受气的。不想吃工作的苦、受工作的气，那就吃家庭的苦，受老公、公婆的气。既不吃苦又不受气的事情是没有的。"

婚姻出现这类问题，就像是身体里面出现肿瘤。有的人面对这种情况，一秒钟都不能忍，敢于拿自己开刀，哪怕动手术时痛死，也要把那个肿瘤取出来。取出来了，就放心了，感觉像是排除了一个隐患和风险，往后的人生也觉得轻松些了。我就是这种人。

有的人则倾向于跟这个肿瘤和平共处，幻想可以用"保守治疗"的方式延长自己的生命。运气好的，这个肿瘤是良性的，只是一直留存在体内。不想还行，一想起来就闹心。运气不好的话，肿瘤转恶性，自己也错过了最佳治疗期，搞不好一命呜呼。

婚姻关系中，伴侣出轨、公婆不明事理就像是这个肿瘤，没几个人能欣然接受伴侣出轨的，也没几个人能接受公婆对自己的故意刁难和百般挑剔。能接受的，都需要不停自我说服、自我劝慰、自我妥协，并发展出一套逻辑自洽的价值观体系。

只是，就现实案例来说，选择和肿瘤和平共处的，真能把内心世界维护得好的，好少。更多的人，是在用“受气”的方式，维持良好的物质条件以及周遭人投来的艳羡目光。

在到底要不要离婚的这个问题上，别人的经验、分析、教训等对你没啥用。最重要的，是要回到自己的内心，问问自己到底适合做什么、更看重什么、能做什么，然后，在“吃苦”和“受气”之间，做一个取舍。

就拿我自己来说，我是属于“能吃苦但不大能受气”的人。为了能不受气，我可以忍受有限度的贫苦。

做一个项目，如果钱少事多且感受到客户极度不尊重我，那这个钱我就不挣了。如果我在缺乏尊重和信任的环境下工作，那很有可能只会交出一个自己都看不下去的烂作品。整个过程中，双方打起交道来心理成本极高，那又何必互虐呢？赚钱重要，但工作的乐趣也很重要。当然，如果能得到客户充分的信任和尊重，可能我会“不待扬鞭自奋蹄”，回馈给他们超预期的产品或服务。为能把一个项目做好，我可以废寝忘食，不计成本，无问西东。

直到今天，还有好多人跟我说：“换我是你，我就不离婚。一个人打拼多累啊，你前夫又不是不给你钱花。受他一个人的气，总比受客户的气好吧。”

我心想：好的客户与我，是相互成就的，其实并不需要怎么受气。你觉得物质重要，可我觉得气顺更重要。我工作中遇到的甲方，随时可以换，我积累得越多，换甲方的底气越足；你婚姻中遇到的“甲方”，却只能忍受一辈子，你年纪越大，越只能受他的掣肘。人生短短一辈子，我宁愿穿着寒衣站着，也不愿意穿着华服跪着。

我这种脾性的人，唯有不停往上走，把自己活成一面旗帜或标杆，才有活路。若是一直待在底层，我可能会被现实按在地上无情地摩擦，磨到皮肉模糊、骨头都秃掉。增强自己的业务能力，努力混成“高精尖”，才能不被不知道是什么人的人挑剔、贬损、折磨、欺辱啊。

（三）要独立自主，别做“殖民地”

我们女人，这一生中会遇到很多困惑。比如，到底是做“殖民地”还是独立自主的困惑。

做“殖民地”，只需要你屈从、温驯、迎合并放弃自我的一部分利益，就可以了。你可能迎来暂时的和平，不需要跟人交火，也不需要流血和牺牲，但你也可能长长久久陷入屈辱，因为没有人会真正尊敬一条只会摇尾乞怜的狗。你永远只能当狗，肥狗当不成了，就当瘦狗。瘦狗没有利用价值了，就当只死狗。

要独立自主，你需要付出的代价是交火、斗争、流血、牺牲，也有一定的失败概率。那是一条极其艰难的，需要你吃大苦、受大累、承受大焦虑的旅途，但一旦你成功了，革命果实也是鲜甜的。你会成为一个站着的人，你可以捏紧拳头，对那些试图给你气受的人说不，可以理直气壮地让他们滚蛋。

离婚前后，其实我也面临这种选择。

婚礼被长辈取消时，有人告诉我：“只要你足够温顺，找老人家说几句软话，你就能得到更多，夫家给你房子、车子不是问题。”

我说：“我的婚礼应该我做主，轮不到任何人来取消。今天我在这个地方让步，以后我就得在别的地方让步。房子、车子我可以自己挣，但我的生活必须我做主。”

于是，我撕破脸跟长辈吵架、把已经发出去的请柬收回，再自主举办了场别致的小婚礼。当别人想拿“面子”来要挟你，而你主动把这种面子扯碎，别人也就失去了挟制你的资本。

刚离婚的时候，我心理能量不如现在这般强大。我内心也有很多的惧怕，我还指望前夫给孩子的爱和抚养费，所以，哪怕他一个朋友把我跟她私下抱怨他的话如数转发给前夫看，前夫跑来质问我，我也选择了安抚，但同时又为此感到屈辱——因为我也是被出卖的受害者。

也是这种屈辱感，让我发誓：我要尽快在短时间内强大荷包和内心，早日赚到足够的钱，从此再不受前夫的气。孩子的父爱和抚养费，他爱给不给，但别想拿这个东西来挟制我、绑架我，让我出面帮孩子争宠、争取亲职投资。

五年后，我慢慢做到了。

但这五年，也是充满艰辛的五年。一开始，我连能赚三十块钱的活都愿意熬夜去干。我全年无休，哪怕出游也要带着工作或是提前做好工作，只有大年初一会主动休息一天。有时候，都已经晚上十二点了，我依然一个人开着车在高速路上飞驰。我长年累月忙完工作又照顾孩子，把自己身心压榨到了极限，甚至失眠躁郁、月经不调、过劳肥，腰椎疾病让我再无法搬运重物。我断绝世间男女情爱，在工作领域找到了新的征途。真正见过我工作状态的人，没有人说我不拼。

而我发现，真正让你受气的老板和客户是很少的，绝大多数人会发现并珍惜你的价值，会欣赏你的坦诚和付出，会给你正向的激励，最终这些东西也会给你带来财富，甚至是比财富更重要的东西。

而那些一开始就想让你当“殖民地”的人，只会不停通过贬低你、排挤你、打击你、威胁你、恐吓你等方式，方便他们进一步剥削你。他们从来没有真正尊重过你，也不会给你什么实实在在的利益，只会像玩弄和戏耍一条狗一样，拿出一个肉骨头诱惑你。等你跳起来去够，它又把肉骨头抬更高，最后你得到的只是“食之无味，弃之可惜”的鸡肋。丢了吧，你觉得它是块肉；拿着吧，它是块难啃的骨头。然后，在这样的纠结中，你蹉跎一生，再回首已是百年身，而你的人生也就那样了。

所以，我也想跟比我年轻的或是正处在迷茫期的姑娘说一声：“做‘殖民地’是没有前途、没有未来、没有出路的。挖掘自己的潜能，勤奋一点，拿出敢吃苦的劲头，尝试一下走独立自主路线，你会活得更自由、自在。”

（四）走上坡路，别走下坡路

人生任何一条路都不会容易走，这世界上任何一分钱都很难赚。认识到这一点之后，你再去选让你最快乐、最甘心的那条路，那条路就是你的正途。

而我发现，很多人之所以站在十字路口纠结不已，是因为明明现实逼得他们只能选一条路走，却什么都想要。可是，这怎么可能呢？连皇帝都没法得到自己想要的一切，都要做一些取舍，何况是普通人？

这世界上没有对的路，只有适合你的路。人生路千万条，甚至都没有最优解，一切只是权衡和取舍。没有一条路是好走的，也没有一分钱是容易赚的，甘蔗没有两头甜，“吃苦”和“受气”你总得选一头，关键看你适合选哪样。

我曾经跟一个在婚姻中苦苦挣扎的女网友说：“人生是很难的。既不吃苦又不受气的福气，是不存在的。你要么能吃苦，要么能受气，总得选一个。但是，我建议你选吃苦，因为吃苦是在走上坡路，而受气是在走下坡路。”

为啥我会有这种论断呢？且听我慢慢道来。

在婚姻中苦苦挣扎而离不得的女人，遭遇的很多困局，看起来是感情问题，实际上就是钱的问题。你选吃苦，去外面挣钱，那么，你的每一分付出、得到的每一分收益都可以产生复利效应。你在外头吃的苦，都是在为自己积攒“提升家庭地位和话语权”的实力和资本。你吃苦的每一天，都是在走上坡路。

可是，如果你害怕吃苦而选了受气，那对不起，你在家里受的气越多，别人越是不把你当一回事，你的家庭地位也就越低下。你每多受一分气，都是在走下坡路。

上坡路当然难走啊，需要你付出实实在在的汗水和努力，而下坡路只需要把尊严和姿态放低一点再放低一点，就可以了。可长此以往，你就是在慢性自杀。

每一条捷径的尽头，可能都是深坑。还是那句话，选吃苦是在走上坡路，选受气是在走下坡路。作为女性，我们一定要往上走，坚定不移地走上坡路。女人当独立自强，这是正确的、让你终身受益的、唯一的出路。

第四节 有时候，你只需要比别人多勤奋一点点

（一）懒人多作怪

网上有一个视频，讲的是美国一个患者去世后，给朋友留下遗嘱，让朋友把自己生前的积蓄都散尽。朋友帮他完成遗愿，跑去广场撒钞票，并拍下了那个视频。

视频中，大家纷纷去捡钱，可居然有人连弯腰捡钱这个动作都懒得做，直接伸手找撒钱者索要，强行打断撒钱者的撒钱仪式。我当时就在想：为啥有的人，不管做什么事情，都只想着“自己方不方便”呢？

我想起当年广州亚运会期间，政府给当地居民交通补贴。居民只需要拿着身份证去居委会签个名，就可以领到几十块的交通补贴，不去领取视为放弃，可是，依然有很多人在责怪居委会人员为啥不把钱送上门。

我在网上招聘助理的时候，明确要求求职者往我邮箱发简历，结果有人给我发私信，只用三句话就介绍完自己，问我能不能录用他。我很无语，心想：你勤奋点做个简历，不难啊。既然都花了时间精力，你比别人勤奋一点

点，在诚意上就能赶超别人一大截。没有诚意，只是侥幸试试看的事情，做了干吗？这不纯粹是浪费时间吗？这种行为，跟不买彩票却指望自己中五百万大奖没啥区别。就是只期待好运降临在自己身上，却不肯为这种“好运”付出分毫。就这，还指望别人聘用你？

如果你真心想应聘一份工作，那就按人家要求的方式发送简历，这样才更容易被选中。连简历都懒得写，或是大段发私信、发截图，要不就是大段大段讲述自己的故事，那你只是方便自己，却是在浪费别人时间。用人单位遴选人才，也需要耗费时间、精力，他们最喜欢那些在发简历的阶段就很懂得换位思考、比别人勤快一点点的人。

我也发现，职场中聪明人和勤快人是很少的，蠢人、懒人却总是特别多。

比如，好多人传达一个微信消息，直接就是截图或是复制消息，都懒得组织一下语言再发出去，惹得沟通对象收到截图或复制的信息后一头雾水，还得花时间、精力去追问……

有的人找你问询一个常规的手续问题，你把所有对方可能会问到的问题都整理成文档提供给对方，可对方还是在微信上不停发问，宁肯花两小时等你回复，也不肯多花两分钟在你早就发给他的文档里寻找一下问题的答案……

我遇到过一种房产中介，懒到了哪种程度？你让他帮出租一套房子，他带租客过来，租客也看中了你房子，但是想砍砍价。你明确告知对方不再议价，租客发了一句牢骚说“这个业主怎么这么难沟通啊”。中介就把租客的砍价理由全部转发或截屏过来，连组织一下语言再转述的这个动作都懒得做。可这样做，除了激化业主和租客的矛盾，对促进成交毫无帮助。

一个合格的中介应该怎么做呢？他可以找业主问问，能不能降低点价格，业主不答应，那么，他可以再告诉租客：“我帮您沟通过了，但这确实已经是低于市场价了。”

多打几个字的问题，不是很难，但可以促成交易、提升业绩。

你可以理解为他们对沟通对象、沟通的事情不重视，但我觉得这更多是一种习惯问题。说白了，就是习惯性懒惰，不愿意为手头的事情多花一分心思，像是多动一下脑子、多花点时间研究下，就便宜了别人。

（二）出色的人，往往勤奋

我喜欢旅游，有时候是自助游、自驾游，有时候是跟团。境内游的旅游团，我跟得比较少，普遍感觉导游的讲解水平一般，有些人会犯常识性的错误，而我又不好意思揭穿。

境外游的团，我参加过几回，也遇到一些讲解水平非常不错的“地陪导游”，让人感觉特别惊喜。去马来西亚那次，那个导游就讲解得蛮好的，以至于大家最后都不想下车，就想听他讲。他不仅把马来西亚的历史了解得滚瓜烂熟，而且很有演讲艺术，讲得一点都不枯燥，讲到精彩之处，你都想给他打赏。几天的行程，我们全车人给了他无数次会心的笑声和赞许的掌声。

在莫斯科遇到的那个导游也讲解得非常好。他是80后，安徽人，小个子，俄语讲得很流利。他讲沙皇俄国、苏联、俄罗斯的历史信手拈来。只是，同团的大部分人历史知识积淀可能不大够，好多人听得打瞌睡，但我听得津津有味，几乎成了导游的跟屁虫。

在日本遇到的地陪导游也讲解得很好。她拿着几张日元，都能把日元上印刷着的名人故事讲得引人入胜。基本上你抛出一个什么问题，她都能接上。比如，你问日本人获诺贝尔奖的情况，她能把日本人在文学、物理、生物、化学等领域的获奖情况掰扯得清清楚楚；每个获奖人都有怎样的故事，她也是如数家珍；你问为何战后日本获得诺贝尔生理医学、化学奖的人那么多，她也有自己的分析和见解。

这些知识点，导游讲解手册里是没有的，都是他们自己日常对这些东西感兴趣，然后钻研、总结、归纳、分析出来的。什么叫“干一行，爱一行”？我觉得他们几个就是。我觉得即使他们不干导游，而是转行去做其他事，也一定能把事情做好的。而他们只是比普通导游多钻研了一点点而已。

创业几年，我也面试和接触了几十个员工，可是，能让我和合伙人想倾尽全力留住的人，真的不多。遇到这种特别满意的，我们会竭力用待遇留人。那是一种拿钱都买不来的安心，你交给他任何工作，他基本都能办妥、办好。

这样的人，也值得老板开出更高的工资、给出更好的待遇，甚至分配股权。他们若是流失了，对公司来说是“重大损失”。一个有格局的老板，宁肯自己少赚钱，都要让他们过得有尊严。这类人，碰到了，真的比“中了大奖”还高兴。

诚信、勤奋、好学、心态积极、有换位思考能力、事事有回音，只是作为职场人，不，是作为人，最基本的素质。但是，能齐备这些素质的人，在人群中也是凤毛麟角。绝大多数人，要么态度不行，要么能力一般，要么基本的诚信都没有，要么懒惰、怠学、怕吃苦、负能量重、自私、做事虎头蛇尾。

这就是为什么，有的人到了职场中，会成为各家老板都想争抢的“抢手货”，他们到哪儿都吃得开；有的人到了职场中，则只能被“将就着用用”；还有的人，只能四处混日子，老板们像躲避瘟神一样，纷纷避之不及。

（三）成功人士都比别人多努力一点点

我们看那些名人的故事，就会发现：他们不仅仅是有才华、有能力，还特别勤奋。

就拿琼瑶来说，她一生写了七八十部作品。她所处的那个时代，没有很好用的写作硬件或软件，几乎都是靠手写，得先一个字一个字写出来，再拿去出版，而她几乎都是坚持自己写，不找代笔，不找团队，而且居然能把上百个故事讲得不重样。

写《还珠格格》的时候，琼瑶已经 60 岁，她把自己的手写到劳损严重、不得不裹纱布的地步，但依然不肯停下来。80 多岁，她还能写出 80 万字的小说……琼瑶的这种拼劲，写作圈也是少有的。我粗略帮琼瑶计算了下，她一生可能一共写了 1000 多万字。

金庸在“搏成名”的阶段，也是很拼的。33 年间，金庸亲笔撰写的社评有 7000 多篇。20 世纪六七十年代几乎每天坚持写一篇，即使外出旅行，也不会漏稿。他坚持每天晚上写社评，下午写武侠小说，只在出差或生病时才中断几日。他写武侠小说，也写了 17 年，但中间加起来只休息 2 个月。最忙的时候，他同时写 3 部小说。金庸 15 部武侠小说，一共 1000 多万字，再加上他之前写过的社评之类的文章，可能一生写了 2000 万字。写武侠的温瑞安，大概写了 2500 万字。

郑渊洁从 1986 年起，每天 4 点半起床写作，一直写到 6 点半，因为这个时间点大脑清晰且周围安静，更没有琐事烦心。而且，他一坚持就是 40 多年。

民国作家张恨水创作了120多部小说，加上诗词散文、杂文游记，一生共计创作了4000万字左右。倪匡从不拖稿或欠稿，就算宿醉未醒或病了仍然照写，写作20年不曾断过稿，可以一个小时写4000字，一生大概写了5000万字。和我们生活在同时代的、在某些网站写连载小说的那些排名前20的写作大神，写的字数也是2000万字起。

好多人看一个作者，只抓着人家写错了的一段话、一句话，就嘲讽人家，说人家没啥了不起。殊不知，人家真正了不起的，不是那一段话、一句话，而是某个火出圈的代表作以及能写上百万、上千万字的坚持啊。

好多人都败在了勤奋和坚持这件事上。要么高估自己，觉得自己写出来的东西暂时不满意，就放弃。要么就是没毅力，开始干两天，就觉得“这是重复性的劳动，不适合我”。可是，完成比完美重要，你能坚持把一件事情完成，就超越了90%的人。

我也是那种在某些领域很勤奋、很能吃苦的人。高考前，我刷过的题，比别人做的作业还要多。到高考的时候，历史课本我一共背诵了27遍，某个知识点是藏在哪一本书哪一页哪一张插图底下，我都有印象。我并不很聪明，也没有过目不忘、举一反三的本事，唯一能支撑我考高分的，不过就是反复刷题和背诵罢了。

其实我一直是个天赋特别有限的人，哪怕我是曾经的高考文科状元，已经出版了十几本著作，在广州这个城市积累了一点小财富，我依然不觉得自己拥有读书天分、写作天分、赚钱天分。但我有个很大的优点：在某些我愿意花时间的领域，我肯吃苦，肯受累，能坚持，愿意比别人努力一点点。

2006年前后，我把国家助学贷款还完了，我和朋友们一起发起一个草根助学活动，很多朋友说要跟我一起“做到底”，但是，快20年过去了，有人加入，有人退出，只有我是那棵“常青树”。

之前我说我要带货，然后，我给自己设定了“每天推出两款自己试过的产品”的目标，虽然没赚到多少钱，但此事我雷打不动地坚持了几年。当初发誓要跟我一起打卡的博主朋友，早就坚持不下去了。

我喜欢研究房产，那我就真的会在这个领域花很多时间，包括研究宏观政策（包括经济、金融、土地、房产等）、城市群和城市发展走向、具体的小区和产品以及操作层面的细节。

现在，我也能每天坚持写三千到五千字，几年来这个节奏从不间断。如果我真心想要做一件事情，十年八年，我都能坚持。我不能坚持的，一般是我认为不紧迫的，比如减肥。咱们也不要因为一个人胖，就说这个人不勤奋、不自律。每个人的自律值（主要是时间、精力）是有限的，花在这里的多了，花去那里的就少了。

我一直都知道，勤奋几乎是我唯一能通过自我的努力跟别人拉开差距的品质。这个品质，我不想丢。

如果你也有过这种不怕苦、不怕累的经历，往后它也会成为你的人生财富和勋章，在你遇上艰难困苦的时候，它还能像一面旗帜一样，激励你、鼓舞你。

成功不仅靠努力，还要靠趋势和运气。我们普通人不追求大成大功、大富大贵，但若是你想在某个方面有所建树，根本不需要有多突出的才干，只要比别人勤奋一点点、比别人爱琢磨一点点，就能跑赢大半部分人了。

第五节
不是读书没用，是人没用

（一）我曾经是被人看不起的“书呆子”

早些年，我一个远房表哥，看我高中三年都闷头读书，非常鄙视我。

那时候，他打扮帅气，会跳街舞、会弹吉他，异性缘特别好，但特别看不上我这一款，只评价我“就一书呆子”“就会读点死书，也不知道将来读出来有什么用”。

后来，我上了本科，他读了专科。在学校里，他组建乐队，出去做兼职做得风生水起，女朋友谈了一个又一个，是学校里的小红人。放假回到家，他呼朋唤友到处玩耍。而我，照例很安静，每年寒暑假借回一堆书在家里看。

他跟人聊起我，对我的评价还是“就一书呆子”。

有一回，我们在一个小聚会上碰到，大家聊起了历史和哲学。对春秋战国时期诸子百家的思想和学说，我如数家珍。他插不进去嘴，后来说了一句：“你们知道这些，能顶什么用？”

接着，他还讲了那个耳熟能详的故事，大意是一个博士和一个船夫在一条小舟上相遇，博士上懂天文下知地理但不会游泳，最后船翻了，船夫活了，博士死了。

我知道，他就是想讽刺我“只是个书呆子”，但我没接他的话茬儿。

那时候，我离开家去外地读书几年，再回到村子里时，老有人评价我说：“读几年书回来，怎么读傻了。”

我现在觉得这评价挺有意思的。其实不是读书读傻了，而是你的认知提高了、见识更广了，你知道“认知不同，不必强融”，在很多方面故意表现得沉默和笨拙。但是，你的沉默，以及为了避免无谓的争论而表现出来的笨拙，就是“读书读傻了”。

一转眼，二十年过去了。

我深切感受到了知识或者说不断学习，对一个人的人生会造成怎样的影响。

这位表哥自高中毕业后就没看过一本书，也几乎没再更新过自己的知识体系。现如今，我和他的际遇差别，貌似也没他想象中那般，是“我混得远不如他好”。甚至，真实情况可能反过来。

他现在也已经为人父，但是，他教育小孩的方式还是他爸当年教育他的那一套。

旁人跟他说，父母也是需要学习的，也要学着怎么去当一个好父母。

他回答，管教这么屁大点小孩，还需要学习？

不可否认，这世界上的确有很多人只会读死书、死读书，但我想说的是：相比吃喝玩乐，读书肯定是一件更需要挑战惰性和毅力的事情。

很多人对“学霸”的理解就是学习成绩好。可我不这么认为。我认为“学霸”的潜质不是体现在“学习好”这一方面，而是内驱力强，对世界、知识、真理等有浓重的好奇心和探索欲，做事情专注、有毅力，能抵制住低级诱惑，能利用手头的资源让其发挥最大的价值……“学习好”，真的只是其中一个结果。

事实上，一个人若是有了上述这些潜质，哪怕学习暂时不好，也能很快追上来。或者，哪怕真的不爱学习文化知识，但是在自己感兴趣的其他领域，比如体育、艺术等方面，也能把路走通。

学进去什么并不重要，但在培养专注和毅力这块，不爱读书、不爱学习的人已经输在了起跑线上。而人生很多事情，靠的不是取巧，正是专注和毅力。

如果这类拥有专注和毅力的人，能在看书过程中学进去什么并不舍践行，那人家就更厉害了。他们不仅赢在了起跑线上，还站到了巨人肩上。

普通人唯一能实现逆袭的通道，真的就是靠读书增长见识和智慧。很多书籍是人类历史上最聪明的那群人写出来的，是他们智慧的结晶，如果你能读进去并活学活用，就相当于站在了巨人的肩膀上。

还是回到当年表哥跟我讲的那个关于船夫和博士的例子。真爱学习的博士，机缘合适一定会去学游泳以及其他自救知识，而船夫换了个地方工作，就未必能自救了。

（二）学历不代表能力，却是能力的体现之一

我公司要招人，发了个招聘广告出去，并对那个职务提出了学历要求。

这个招聘需求，主要是在招聘网站上发的。为增加一个途径，我同时也在自媒体账号上发布了。

有网友看见了，跑来跟我掰扯道理：学历不代表能力。

我说，是的，学历不代表一切，现实生活中也有学历很低但能力非凡的人。但是，有很多公司就是限定"非某类专业、学历免谈"，真不是故意想歧视谁，而是站在公司的角度，这样做可以减少筛选成本。

很多公司在试用本科生和大专生后，得出这样一个规律：本科生大概率上比大专生聪明、好用、性价比高。公司的 HR 招聘新员工，经常动不动收到两三百份简历，面对的是一群自己毫不了解的人，他们哪有那么多的时间、精力去一一甄别你是否算是"学历很低但能力非凡"的那一个？那就只能简单直接地淘汰低学历的求职者，以节省公司的招聘成本。

每隔一段时间，网络上就出现这样两份名单。第一份名单里有傅以渐、王式丹、毕沅、林召棠、王云锦、刘子壮、陈沆、刘福姚、刘春霖。 第二份名单里有曹雪芹、胡雪岩、李渔、顾炎武、金圣叹、黄宗羲、吴敬梓、蒲松龄、洪秀全、袁世凯。 前者全是清朝科举状元；后者全是当时落第秀才。每次这个榜单出现，某些人就像是得到了鼓舞：你看吧，学历代表不了一切吧？那些状元不也被落第者碾压？

要我说，这完全是"学渣"思维。

"学霸"一眼就能看出这份名单的荒谬之处：取样有问题。

状元才有多少个，而落第秀才有多少个？一万个落第秀才中可能才出一个名人，你在这一万个落地秀才中拎了几个名人出来，他们就能代表落地秀才这个群体了？

再者，状元名单里面的人，实际上混得也不差啊，是你孤陋寡闻，不知道而已。还有大量的落地秀才，一辈子混得穷困潦倒啊。

老是把“学历不代表能力，也有很多博士眼高手低”这话挂在嘴上的，实在是统计学没学好。

这几年，我确实也感觉到“读书无用论”很盛行。

有些人看到当年不爱读书、学习成绩不咋地的同学，现在过得比自己好多了，就不免会想：读书真的有用吗？人家不爱读书不也混得挺好的。

虽然现在确实存在学历贬值且学校教的很多知识和技能明显落后于社会需要等情况，但我还是觉得，这样的思维是不对的。那些不爱读书但混得好的人，如果爱读书，说不定能比现在更好。而爱读书但混得一般的人，如果当年不爱读书，会比现在更惨。

比如，我前夫在他爸打下的地基上奋斗，看起来貌似财富水平比我高一点点，我女儿就跟我说：“你是‘学霸’，我爸不是，可最后过的生活还不是差不多。”

我就跟女儿说：“你这就是典型的‘学渣’思维。我和你爸最大的不同是，我奋斗到今天，往上爬了六十个台阶，你爸只爬了三十个。同样的时间里，我爬的台阶数更多，这就是‘学霸’的用处。你想过没有？如果你爸也是个‘学霸’，也许他现在已经站在了第九十阶。‘学渣’只能看到自己和别人在同一个台阶上，而‘学霸’不仅可以看到这一点，还可以看到自己和别人各自爬了多少阶，可以想象到‘学霸’杠杆可以让一个人达到什么阶。人都只活一辈子，大家拼的就是如何把时间利用率扩大化，在有限的生命里创造更大的价值。‘学霸’的人生效率高，就能填补出身差距。学历不代表能力，但它是能力的一种体现。我们学习更多的知识、掌握更好的技能，不一定是为了出人头地，而是通过学习，你会更透彻地认识世界、认识自我。别的不说，学习好、学历高，你大概率上会变聪明。那些骗子想要骗你，都没那么容易了。”

不知道大家发现没有？虽然高学历者也会有上当受骗的时候，但这不会是大概率事件。低学历者受骗的概率，比高学历者要大很多。

早些年，能治疑难杂症的医院广告也特别多，大多分布在非一线城市。我老家人得了病，花很多钱治不好，就想着跑去这些医院医治。在他们眼里，只要是外地，就意味着更文明、更发达、医疗水平更先进。那些年里，他们被骗了很多钱。

有老家人拿着广告跑来问我，我就告诉他："全中国医疗水平最先进的地方是一线城市。这些地方都治不好的病，其他地方就别去尝试了。好医院挂号都要靠抢，不需要铺天盖地打广告。"

高学历者上当受骗的情况，当然也有，但概率要比低学历者少很多。你要知道，小概率事件才会上新闻，比如高考状元去卖猪肉。不过，这涉及的又是一个统计学问题了。

我第一次发自内心地觉得学历非常重要，是三年前。

某一天，我的朋友圈同时出现了两条众筹看病的链接。一条来自我的校友圈，一条来自我发小的妹妹。

两个家庭都有人得了重病而且病情相似，家庭中的夫妻俩都是同一个学校毕业的，都主要是在校友群里求助。所不同的是，我的校友的同学大都是各市、各县的高考状元，而发小的妹妹只是老家一个专科学校毕业的。

我的校友需要筹资五十万，发小的妹妹也需要筹资五十万。我给他们都捐了一样的钱，但是，两天后再去看筹款额度：我的校友两天内筹够了五十万，发小妹妹只筹集了不到十万。

跟朋友说起这事儿时，我说："你看吧，我们学校虽然被撤并了，每年招生人数少，校友也少，但校友们很团结，一方有难、八方支援。”

朋友说：“我觉得不是你们团结，而是你们总体上混得比较好，捐得起钱。若是自己手头都很紧张，对别人也会手紧。”

学习能力决定学历，学历决定圈子，圈子决定人脉，人脉决定很多事情。

不管你是否承认，都是如此。

（三）学习就没有不苦的

韩寒横空出世那几年，有好多人推崇欧美所谓的“素质教育”和“快乐教育”（最后往往变成“享乐教育”）——而且，推崇的人大多没出过国，更没有在国外长久地待过、观察过、调查过。

我记得那时候老师让我们针对这个议题写作文，我的立场就是：韩寒只是个例，我们年轻人还是要好好读书，好好参加高考。

在那篇作文里，我写了一句：“还有比高考更公平的选拔人才制度吗？尤其是对农村孩子而言。”结果，老师在这句话后头给我写了一句评语：“国外有高考吗？他们的人才就选拔不出来了？”

当时我才 17 岁，我都不知道上了大学之后我能干啥、将来能做什么工作、是否真能跳出农门，但“被我奉为权威的老师”这么一问，直接把我给整迷糊了，我也不确定自己说得对不对了。

好在，我全力备战高考的决心，并没有因为老师的疑问而改变。毕竟，对当时的我来说，摆在我面前的路只有两条：第一，回家当农民；第二，好好读书，考个好大学。

现在我已经活到了语文老师点评我作文时的年纪，我觉得我当时的想法到现在来看，依然是对的。像我这种出身的女孩子，若是跟别人拼“素质教育”，胜出的机会太少。

高考不可能保证绝对的公平，但至少给了贫困孩子一条赛道。在这条赛道上，你用最笨、最苦的方法去拼，也能拼出一条路来。高考的存在，让那些学习能力强但出身于贫苦家庭的孩子，能通过这条赛道走上上升之路。

之前我看网络上很多人指责张桂梅老师所在的华坪女高管理太过严苛，我觉得他们只是“何不食肉糜”。这个年龄段的穷孩子若是没有一个强有力的校长逼她们一把，她们可能很容易松懈，很容易放弃这难得的跃龙门的机会。别人松懈，是有退路可走的；而她们松懈，很可能失去了一个很好的机会。

我一直是所谓“快乐教育”的反对者，不管学什么知识和技能，需要的就是久久为功的努力，哪一样是轻松的、躺赢的？

所以，我支持把“素质教育”作为“应试教育”的有益补充，但是坚决反对把学生综合素质列入高校招生依据，更反对取消高考。我可以板上钉钉地说，只要把公立学校课堂上学不到的东西列入考核范畴，结果必然是除了公立学校课堂外，没有其他知识来源的穷孩子吃亏。

我真的觉得青少年需要树立一个基本的观点：生存第一。

还是那句话，对普通人来说，过一种绝大多数人都会过的主流人生，就是对你利益最大化的选择。普通人的幻灭甚至覆灭，往往是从偏离正轨开始的。这个代价是沉重的，你若不是个奇才或是家里有矿，根本承受不起。

（四）我们为什么要好好读书

我们小的时候，父母给我们解释“为什么要好好读书”时，用的话术往往是：“不好好读书，就只能一辈子当农民，面朝黄土背朝天地辛苦干活，但一年到头也赚不了几个钱。”

那时候，我们周遭的环境就是很穷苦的，父母说的话也与事实相符。经历过这种穷苦的人，直接就被赤裸裸的现实吓到腿软。意识到只有读书才是最低成本的跳出农门、改变命运的方式，我们“不待扬鞭自奋蹄”。

可现在，时代变了，社会变好了，国家能给普通民众兜一部分底。如今的孩子们早就没有了“缺衣少食”的焦虑，你再用这一套话术去教育他们“要好好读书”，仿佛不起效用了。

就拿我女儿来说，她似乎就不大明白她为什么要好好读书的问题。

以前我每次看到诈骗案，就跟她科普一次：“你看，这个人受骗，就是因为他不知道某些常识。而这些常识，是可以通过学习获得的。不聪明的人，就是很容易被更聪明但心术不正的人骗。如何让自己变聪明？那就得不断学习。”

信息的取得方式、认知的形成方式，分很多种，而对普通人来说，最低成本的方式就是好好读书。你将所掌握的信息、知识融会贯通，探寻掌握事物的内在规律，就能形成自己独特的认知体系，你做事情就可以事半功倍。

每个人的大脑就像一个 CPU，配置的内存不同，信息和数据处理效率也不同。而且，这种 CPU，是没办法通过外力加强或削弱的。而知识，就是内存，内存高一点，CPU 的处理效率大概率上也会高一点。假设一个人对知识的掌握不够深刻、广博，那么，从 A 走到 B，他认定的解决路径可能就只有 C，一旦在 C 路上走着遇到了 D，他就乱套了。这就是大脑内存太少，对信息和知识的处理效率不行。

我想给大家举个捕鱼的例子：知识结构差的人，就只能看到哪里有鱼，然后用叉子去叉，这种方式非常低效并且成功率低。知识结构一般的人，可以通过长期的观察和实践，分析出“哪里的鱼群比较聚集”的信息，然后，拿网去捕捞。知识结构高的人，甚至可以通过分析鱼群的游动和繁殖规律、洋流走向等确定暖寒流交界处的鱼域，这种就是专家级别了。

每个人都只有一辈子的时间，这些时间到底该怎么用才能发挥最大的效用，很大程度上就是取决于我们的信息获取能力。这个能力越高，你的人生大概率上就会越轻松。

我们现在学的知识，是人类在失败、吃亏无数次后得出来的思想精华。相比懵懵懂懂的原始人、古代人，我们现代人已经拥有获取这些高精尖知识的便利，那我们更应该珍惜这种机会，让它为自己所用。

当然，前提是：读好书。

第六节
再穷也要有心气

穷人想要脱贫并不容易，但前提一定是要有心气、志气、远见，这是脱贫的原动力。

心气是什么？是不服输、不怕输，是“我一定能行”的勇气和决心，是“潜龙在渊”的自我暗示。这种东西，看不见、摸不着，但是你自己感知得到、别人也能看见。

志气是什么？是“虽然我现在很穷、地位卑微、啥也不是”，但是，我不相信我永远这样，我不甘落后、不甘失败，我不向恶势力屈服，不相信那些把我按在地上摩擦的人能永远得逞。

远见是什么？是凡事不会只想到眼前的那点利益和诱惑，而是能看到这些利益和诱惑背后隐藏的大坑；是能一眼就看到——某件事情，我做了以后，会发生怎样的连锁反应，会在二三十年后产生的恶果；是不相信捷径，只相信久久为功。

我年轻时候看到那些因为“屈从恶、附和邪”而获利甚至获大利的人，也很迷茫，也曾动摇。可是，我们看待一个事物，时间维度不该只是几个月、几年，而是几十年、上百年。

有些路，当时当下看起来是捷径，但长远看，它是一条不归路。一个人的“人际风水”，是跟身边的人密切相关的。你若是走邪路，最终聚拢到你身边的人，都是邪人。接下来，你就会认为，那就是世界本来的样子，然后，只能一条道走到黑。

反之，如果你坚持走正道，吸引到的也是志同道合者，你的人际风水也会向好的方向发展。

我以前经常听到别人讲：“被人看得起，值得几个钱？”但对不起，我觉得“被人看得起”是一种巨大的隐形资产，积累到一定程度，遇到一个好的机缘，就会产生乘数效应。

当然，前提是“看得起你的人”是你生命里引导你实现正向发展的“贵人”，而不是虚晃一枪、先让你膨胀最后再引领你走向绝路的“伪贵人”。

我年轻时候之所以会迷茫和动摇，是因为观察人间的时间段短（二十来年），但现在，我比那时候涨了将近一倍的岁数。很多事情，放在一个“很长的时间段”来看的话，就能清晰地看到因果。而在我们到了五六十岁、七八十岁的年纪，再去观察我们生活的这个人间，我相信这种感受会更明显。

很多人理解不了电视剧《人世间》里，男主角周秉昆为啥会爱上郑娟。

周秉昆本身是个很善良的人，当他去到郑娟家，看到郑娟全家生活得很困苦、家徒四壁的情况，很难不会对她产生同情心。光有同情还不够，郑娟本身长得美，还有不接受接济的志气。凄风苦雨，穷根枯苗，这一家三口最有理由憎恶全世界，但身上却没有任何让人看不起的品性。这种反差，就很容易给周秉昆带来内心的震动。

当时周秉昆也处在人生“不得意”的阶段。他的朋友被枪毙，他被林木厂开除，低三下四求一份工作，后来去到酱油厂，做的是最辛苦的活儿。他以为自己已经够不幸了，但他遇到了郑娟一家，看到有人比自己还贫苦，发现人世间还有比自己更苦的人，就找到了面对生活的新态度。而且，帮助郑娟一家，也让他产生一种“我对别人有用”的感觉，这在他成长过程中是少有的体验。

周秉昆爱上郑娟后，郑娟没有利用这种爱，没有把周秉昆当成改变命运的救命稻草，而是选择坦诚地交代自己的身世、自己孩子的身世，把选择权交给了周秉昆。郑娟完全是靠自己的高贵的人格，赢得了周秉昆的敬重和爱情，也改变了自己差点被踩到泥泞里、几乎快要翻不了身的命运。

所以，人可以穷，但一定要做个“让人看得起”的人。“看得起你”的好人越多，你改变命运的概率越大。

有的人就是坚信：人和人在人格上完全平等，才是文明的标志。王侯将相，宁有种乎？我见到有钱人、有权人，可能会结交，但膝盖不软。

有的人则坚信：人和人在人格上就是不平等的，有钱人、有权人就是可以为所欲为，就是高我一等，我认同这套秩序和排位。人家天生就是贵族，不向他们下跪，我就没有好果子吃的。

这两种人，你觉得哪一种更容易脱贫？我还是倾向认为是前者。

有钱人、有权人也是人，他们会真的“看得起”膝盖发软的穷人吗？不会的。在你跪下去的那一刻，你对他们来说就只是一条狗。如果你不肯跪呢？你是他们的敌人，但好歹还是“人”。人对“敌人”可能心狠手辣，但也还是会有点尊重。

如果你的硬骨头被有钱人、有权人的敌人看到了呢？你将会得到尊重甚至是敬意。

人可以穷，但如果你穷还骨头软，那你这辈子就真的只有受穷的命。你只能在“把你当狗，不把你当人”的人群里打转转，被欺辱狠了，又去欺辱比你阶层低的人。你能从有钱人、有权人手里得到的那点“狗粮”，就是你的财富上限。

所以，越是受穷，越要保护好自己的心气、志气，别让它被脏东西污染。你还要靠它的指引，往高处走，走向更好的明天。

第二章

用强者的思维面对现实

第一节
情关一过，天高地阔

（一）年轻时候，就是要勇闯情关

前几年，公司开年会，我在会上跟公司的 95 后小伙伴们说了几句话，大意是：我到了三十好几的年纪，才后悔年轻时没有多学点东西。

那些年，我以为工作是为单位做的、为老板做的，可现在才发现，其实一直都是为我自己做的。每一次经历，最后都会沉淀在自己的生命中。

我自己是靠写字吃饭的，以前很烦要写这个写那个，但现在忽然发现，没有一行字是白写的，当时用不到，以后有机缘了也定然能用到。

离职后，也有点后悔没有好好利用原先的那个平台多学点东西，可那些时光和机会已经一去不复返了。

到现在，上有老下有小，体力精力明显不济，想起年轻时荒废的时光，百爪挠心。

越往后走，比起年轻时更易呈现一种捉襟见肘的状态，不管是时间上、精力上还是信心上的。我们只能怀着最大的诚意与耐心为着以后一点点努力，在悲观中昂首前行，相信未来会更好，或者，至少不会更差。

倒是爱情，我建议二十几岁的年轻人多去尝试。有句话不是说“年轻时才会发生故事，上了年纪遇到的全是事故”么？年轻时你遇到的人、选择的伴侣，某种程度上能改变你的人生航向。所以，请好好选择，好好爱。

年轻时候的一腔赤诚是不可再生资源，成年人的世界多是彼此设防、算计以及随之而来的倦怠。有些事，更适合在某个年纪做。过了那个年纪，就再也没有那个味道了。

一个朋友说：“‘老去’这两个字啊，一看就很孤独。不仅孤独，还决绝。”这是真的。所以，在人生负担最小的时候，你要尽情拼搏，也要尽力去爱，去闯情关。

如果不是看25岁写的日记，我都忘记了我年轻时候活得多么幼稚而荒唐。有时候，都羞于承认那个人是我。

你相信么？那时候我会给当时已经和我闹分手的男朋友打无数个他根本不可能接的电话，我会整夜整夜地痛哭，然后第二天顶着哭肿了的眼睛去上班。

我会辗转于地铁、公交，去到某个人的工作所在地，边哭边往人家怀里钻，被推开后又一头扎进去，一遍又一遍地问人家：“可不可以不分手，可不可以不分手，可不可以不分手啊？”

除了工作上、财务上没有太“拉胯”（比如，收入一直在缓慢增长，职位在晋升，我攒了点钱、独立买了套房子），我把感情处理得一团糟。

一个从我15岁就看着我长大的大哥，给我在QQ上留言：你是个多善良、多聪明、多没城府的孩子啊，可现在怎么可以允许自己把日子过得这么差？你要记住，你可是状元啊。不要这样，停止自毁，让生活回归正轨。

一个大学里曾经爱慕过我但不敢追我的男孩子在看到我 QQ 签名以后给我来电，告诉我不要悲伤，把过去的男人当臭鞋一样扔掉，然后放低姿态和眼光，找个差不多的就行了。当然，最低原则是真正对我好的。

十年后，再看这些过往，恍若隔世。我时常痛惜那些被乱七八糟的情感纠葛浪费掉的时光，但事后想想：嗐，爱对了叫爱情，爱错了叫青春。没有那些经历，我如何能破除“情执”？

像我一个朋友一样，人生中前三十年，感情一片空白。三十岁后，一脚踩进一个男人的婚外情里，爱得要死要活，那才叫麻烦。

既然成年人“破除情执”这一课迟早也要上，那么，迟上不如早上。没别的，二十几岁的时候，犯错成本低，你很容易从头再来。

也正是因为我自己也有过这些经历，我觉得一个人年轻时候“恋爱脑”，根本不应该被嘲笑。

年轻时候荷尔蒙旺盛，谈恋爱有助于你燃烧荷尔蒙、破除情执，不然一把年纪了再补上这一课，代价沉重。

我真的见过太多二十来岁不谈恋爱，到了三十岁开始恋爱，然后“清醒地犯着错误”的姑娘了。她们就是过了三十岁才补上了人生这一课，但整体来说，代价都比较重，谈恋爱没谈出个结果，赚钱的时间也被谈恋爱这事儿消磨了。

所以，二十几岁“恋爱脑”，我觉得真没什么。你保护好自己的身体，捂好自己的钱包，即便恋爱失败，也真的没什么。

大好年华，该爱的男人可以去爱。爱过了，伤过了，看清楚男人、爱情、婚姻是个什么玩意儿了，你也就算通关了。过了这一关，你的人生大概也进入到了另一个阶段，恭喜你，可以加足马力去赚钱了。

（二）过情关的过程是很痛苦的

我真正闯完情关，是 29 岁的事儿了，但闯过去之后，顿时觉得天地辽阔。

十几年前那个夏天，我发现了前夫出轨的证据，周五发现，周一就把婚给离了。

接下来整整一年的时间里，我眼神是灰的，看任何男人都觉得他会出轨。我心里一直坚信的某套价值观体系坍塌了，又暂时没法重建起来，迷茫不堪。

这是一个相当痛苦的过程。之前，你一直笃定地信仰着某种价值观，以某个历史上或者身边出现的堪称伟大的人作为人生标杆，但总有那么几个时刻，你会发现坚持这套价值观、向标杆们学习的代价是很沉重的。你全面地怀疑自己、怀疑自己笃信的那套价值观，你沉沦、内耗、绝望、迷茫，不知道是否还要坚持自己曾经深信的那一套，不知道往后要往哪个方向走。

迷茫之后，你开始找寻自我开解之道，甚至找寻出路，相当于是想把自己打碎一遍，再把自己重塑起来。而且，这个过程是极其孤独的。没有任何人帮助你，身边的人可能会因为你失败而看不起你、鄙视你、指责你，你终于明白：人生的一切都只能“向内求”，向外索取反而是一条弯路。

这时候的你，跟“原先的你”已经不是同一个人了。你破了一些执念，也探究到了一些规律。而这种规律，靠口授是理解不了的。

当你真正穿过这场暴风雨后，你会发现：人想要改变自己坚信的东西，其实也非常难。那种迷茫感，比你“信点什么”更让人难受。最终，你还是会信你所信，所不同的是，“吃一堑、长一智”，你会比从前更审慎。

这就是一个“看山是山，看山不是山，看山还是山”的心路历程。一个高悟性的人，认知是呈螺旋式上升的。看起来，第一境界是山，第三境界也是山，但实际上二者已经完全不一样了。

我从离婚这件事，得到的自我救赎是：如果一件事情让你感到短暂的迷茫，那你就努力地升华它，而不是一直陷入一种情绪怪圈里。

我把我的故事写成文、写成小说，没赚到多少钱，但帮助到了很多人。他们给我写信，说自己人生中最难熬的那段时光，就是靠看我写的书撑过来的。这其实也是自我遇到事儿了，最后我将它升华为——为社会做点微不足道的贡献。

电影《一代宗师》中，讲过学武之人的三重境界，一层是见自己，一层是见天地，一层是见众生。这句话，最早的出处其实是弘一法师，导演王家卫只不过将它调转了次序。

见天地——知敬畏，所以谦和，进而无私。

见众生——懂悲悯，所以包容，进而无欲。

见自己——明归途，所以豁达，最终无为。

对我来说，“见天地”是什么呢？就是你了解了婚姻是怎么回事，你就不会再觉得自己的处境是特殊的、不幸的。婚姻对你来说，也只是助你修行的一个道场。

见众生，就是你知道身处在红尘中的人，各有各的无奈和挣扎，哪怕错在对方，也能看到对方可能有的寂寞、压力与脆弱。当你跳出这个框架去看这些恩怨的时候，你自然就不会觉得对方有多十恶不赦。而心存善念，不是放过别人，是滋养自己。

见自己，就是你知道，或许老天选中你遇到某些事情，可能是给了你某种使命。那你就把这个任务勇敢地接下来，让它在命运的指引下，流向该去的方向。你会比从前更加坚定地相信某套价值观，是它让你活成了你自己，而不是别人。

所以，你说我恨前夫吗？看过《离婚七年》这本我写的自传体小说的人都知道，并没有。该我为自己和孩子争取的权益，我不会放弃；但是，当看待整个事情的角度变了，命运也就流转到了“凡发生的，一切皆有利于我”的方向。

这就是上段婚姻带给我的馈赠。前夫过不了“女色关”，但是，却意外地促成了我过了“情关”。

你对外界的需求越少，你的安全感越足。你的安全感越足，内核就越稳。你的内核越稳，就越不容易被需求所左右。而任何一种需求，包括情感需求，都只是女性认识自我的窗口而已。

我觉得人生就是这样的：到一定年纪，命运安排你发生一些事，只是为了给你安排一点功课。身边出现的任何人，都只是我们认识和探索自我的道具，并不是你命运的一部分。

你的命运是由自己缔造的。

（三）过完情关不是不会再爱，而是不再对情爱抱有执念

有一个朋友问我，离婚后这么多年你一直单身吗？没有再恋爱的需求吗？

我回答，刚离婚那一两年有，但等我调整过来之后，当我有了穿越孤独、

自我圆满的能力后，就真的没有了。或者，它对我来说不再是迫切的、必需的需求。你会因为吃不到鱼翅熊掌而不开心吗？并不会。

我觉得，女人若是能过了情关，你会达到一个“别人”或者“以前的自己”都理解不了的精进状态。它不是说“一朝怕蛇咬，十年怕井绳”（这种状态下，你还是把男女情爱当成一件特殊的事），而是你深切地意识并体会到，男女情感说白了也只是万千情感关系的一种，跟你爱清风明月、爱大江奔流、爱万里河山、爱草木发芽等并无不同。如果你想要的都是爱，此爱和彼爱真的没什么不同。你无需非要靠哪一种爱去证明自己，因为爱就在那里，不生不灭。

你知道这世界依然存在结构性的性别不平等，但是你不会很愤怒了，相反，你能生出更多悲悯心，能跳脱出男权女权的视角看问题，只专注于“人”本身。你在看透这个世界的不平等之后，依然愿意爱自己。

离婚成为我人生的分水岭，也让我蜕变成另一个人。而能够在困境中蜕变的人，往往跟热爱冲浪的人一样，具备这样两个特点：

第一，懂得看外界的势。只有真正了解我们身处的世界和时代，我们才能看清潮水的方向，然后，顺势而为，事半功倍。

第二，懂得看自己的心。只有真正地了解自己，解除心中的挂碍，我们才能学会“正确地使用自己”，少做无用功。

电影《致青春》里有一句台词：我们爱一个人，应该像爱祖国、爱山川、爱河流。我记得当时我去电影院看，很多人看到这里开始哄笑，大概是觉得“爱祖国”三个字出现在这里很突兀。

可说实话，我看到这句台词蛮受触动的。祖国、山川、河流，不管你爱不爱，它都在那里，就在那里。你只需要去逛，但是，不需要把它搬回家，无需靠某种方式去确认你的产权。在你和它相聚离开的无数个瞬间，你的爱已经达成。

过“情关”不是说你从此不再沾惹情事、谈情色变，而是你不再像从前那般在意了。你只是不很爱男人，也不很恨男人。男人对你来说，也只是一个人，对你来说，跟山川、河流一样，都只是你看过的景色。你可以继续看景，但是不再执着于此了。

我年轻时候也很“恋爱脑”，但破除情执之后，只觉得现在这种“绝情断欲”的状态真的很好啊。这种“绝情断欲”，不是像《塞外奇侠传》中三代白发魔女一样，被男人伤了以后因爱生恨，觉得“男人没一个好东西”，而是我知道男人中有好东西也有坏东西，但有些东西，就像我有段时间沉迷的游戏，你玩过之后觉得没意思，就不想再去玩了。

关键是，你发现了人生中居然还有更好玩的游戏，而且那些新游戏让你更上头，那自然就对前一款游戏不感兴趣了。再去玩，也只会觉得之前那款游戏设计得很低级，玩着也索然无味，那何必再浪费时间呢？

人生说到底，无非就是一场又一场通关游戏。你爱玩哪一款就去玩哪一款，一款玩腻了，你就去玩下一款，别难为自己就行啦。

（四）能承受甚至享受孤独，是“渡情劫”必过的一关

一个女性朋友和我，都是在差不多时间因差不多的原因离的婚。在那之前，我和她起点差不多，各方面条件都差不多。所不同的是，我们离婚后的走向不同。

她离婚后，单位有未婚男追求她，而她处于离婚后自卑感最严重、最需

要人关心的阶段，很快就答应了男方的追求，后来她怀孕了，也就跟男方结婚了。

她刚结婚时，好多人让我把她当榜样，说她离婚后找到了幸福，她那种才算是“离婚后逆袭”。

这些人在“赞她贬我”的时候，认可的是比较世俗的那一套价值观：一个离婚女人，如果能找个头婚男再婚，才算是“人生赢家”。女人的价值、魅力，还是需要找个男人来证明的；女人的幸福，也是需要找个男人才能成全的。

可是，这两年，我感觉她越来越憔悴，也越来越疲惫。

她也找我抱怨过，说自己再次结婚不过就是进入了“另一个轮回”。前段婚姻里出现的问题，这段婚姻里没出现，但新问题和新挑战又诞生了，而面对这些新问题，她的应对模式还是从前的那一套。所不同的是，这次她更害怕离婚。

可这种“害怕离婚”的心态，一旦被男方看出来，就很容易被拿捏住，她在第二段婚姻里活得更卑微。

我问她，你已经离过一次婚，可你为啥还要“害怕离婚”呢？离一次，跟离两次，有啥区别啊？你有房有车有积蓄有稳定工作，再次离婚的后果也没有多大啊。

她说，关键不在于离不离婚，而是接受不了“身边没男伴”的生活。这么多年来，她已经习惯了“身边有男伴”，她过不了“单身生活”。如果再次离婚，她作为“离过两次婚”的女人，可能更难找男伴了。

她甚至想不明白：为什么我可以在“没男人”的前提下，还能快乐地过了将近十年？为啥我能过“有男人可以，没男人也行”的生活，她不行？

我觉得造成我和她这种差异的，就是那段“空窗期”。

离婚后那段“空窗期”对我来说是极为痛苦的，我下意识地隔绝了所有追求对象，把自己完全浸入火热的熔炉里煅烧，将自己打碎重塑了一遍。

在“熔炉”里的体验，当然是极不好受的，因为那意味着极大的痛苦、黑暗和孤独。我独自面对和感受这一切，慢慢想通了，悟到了很多事情，也煅烧出了一个“全新的我”。

这个过程，外人可能感知不到，但我自己能清晰地感知到——经此一役，我不再是“过去那个我”了。我的认知模式、行为模式，都变了。

我们以前总是在讲“凤凰涅槃”这个词，大家都知道它是什么意思，但“知道”和“切肤地体验”真的是两回事。

爱惜自己是生物的本能，所以，不是谁都有“凤凰涅槃”的勇气。毕竟，“让过去的自己”被烈火灼烧再化为灰烬，是一个极其痛苦的过程。

很多人怕吃这个苦，想略过这段路到达彼岸，结果却发现人生没有捷径，彼岸离自己更远了。

我一直觉得，过情关、破情执这事儿，跟你的婚姻状态没啥特别的联系。有的人离了婚，也过不了情关。有的人还待在婚姻里，但已经算是过了情关。是否过关，不是取决于你跟别人是怎样的关系，而是取决于你自己如何看待这些关系，甚至取决于你和你自己的关系。

很多人一段亲密关系结束了，迅速投入下一段亲密关系，接着再下一段、下下一段，一生都在追求这个东西，一生都在跟异性纠缠，乐此不疲但也遍体鳞伤。

我们所有的人际关系，其实都是“我们和自己相处情况”的“外显”。

如果一个人从一段让自己感到很痛苦的恋爱关系和婚姻关系中走出来，不给自己足够的空窗期去面对自己、孤独地走过这段路的话，就很容易“打不破轮回”。

哪怕你跟那个人走到了最后，你也很难达到“破除情执”的状态，你还是需要“外求”。而“外求”的话，你内心深处的笃定感和力量感还是比较小的。

我们爱上一个人，很多时候爱上的也不是那个人本身，而是“对方能满足你的需求”。人生的幸福，更多来源于自洽、自给自足，来源于你对外界的依赖变少。不然，你依赖什么，就必为这种依赖所累。

我觉得想要“破除情执”，首先要做的是减少对“情感”的需求度。这种减少，不是靠“强力戒断”实现的，而是靠“精神的充盈”。

（五）情关一过，万事可破

欲成大业，必得破情关。

《白蛇传》讲的其实也是白蛇破情执的故事。小时候，我认为白蛇为了爱情放弃了飞升仙界的机会，可现在我觉得：她修炼千年，准备要飞升仙界了，但时机未到、尘缘未了，一定要历经情劫。所有的修炼关口中，情关最难过，这一关过了，她才能真正成仙。许仙是谁？不是她的爱人，是助她修炼的道具。

《西游记》里，唐僧途经女儿国，也是要让他过人生中最重要的一关——情关。女儿国国王集权、钱、貌、善于一身，对他又是情深意重，很多人感慨

“我要是唐僧，走到这里就剧终了”。可是，如果唐僧留下来呢？最终可能也会迎来“得到了无聊”的局面。唐僧能破除情执通关，走上超凡的路，所以，他能成为圣僧。

自古情关最难闯，而这一关简直让人撕心裂肺、肝肠寸断。而比遭遇负心人更难闯的情关，是你遇到的是一个好的爱人。你需要放下温柔乡，了却因果、清净身心，才能心无挂碍，一往无前。我觉得能做到这一点的，已经是圣人了。

对于普通人来说，过情关的路上，遭遇一个很差劲的爱人就够了。你只有被伤透了，有过痛彻心扉的经历，才会明白你所追求的情爱很多时候只是“自恋的外显”，甚至是一场自欺欺人的骗局，才会明白人性有温暖也有灰暗，才会明白人最终能依赖的也不过就是自己而已。而一旦你破除了这种“想要依赖、仰仗别人”的执念，你就会迸发出更大的力量关注自我、发展自我、突破自我、实现自我。

电视剧《风吹半夏》，讲的是女性创业者许半夏的故事，她从一个收废钢铁的小姑娘蜕变成了一个带领公司上市的大老板。电视剧一开始就设定了许半夏“破除情执”的情节（把丈夫捉奸在床），我觉得这样的设计就蛮好。

受规训长大的女孩子，很少能破除“嫁汉嫁汉，穿衣吃饭”的情结，因为我们从小接受的教育和熏陶都是这一套东西。许半夏一开始也没那么大的志向。如果她前夫是个靠谱的、能跟她好好过日子的男人，搞不好她年纪轻轻就怀孕生子，成为一个需要平衡家庭与事业的小生意人。

赚到第一笔小钱后，她首先想到的也是给老公买衣服，结果一进门就发现老公跟别人睡在一起。电视剧没有过度渲染她从这种打击中走出来的心情，但我们可以想见：经此变故后，她破除了对男人的幻想，从此坚定了“用自己的脚，走自己的路”的志向。

当伍建设跟她说“女孩子别老想着挣钱，找个男人嫁了才是正经事”，她回答“我这么年轻，不想赚钱想什么”。然后，经过努力，她让世界看到了她的创造力、她的价值。

我也听到过很多这样的案例：有的女性，与丈夫貌合神离，为了孩子将就了几年，但最后忍无可忍，只能离婚。离了之后自己发展事业，起色明显，赚到自己从未想到过的钱财，大大超出自己的预期，就是因为她把关注点和着力点放在了自己身上。

人们常说的“贵人”，也不一定都是指直接能给你提供助力的人，还有可能是“带你见识更大的世界”的人，“让你破除情执、大彻大悟”的人……这些人可能一点都不“贵”，但你悟性够强的话，实际上他们对你也是有帮助的。

就拿某知名水饺品牌创始人来说，她也是在破了情执之后，才创出一番名堂。她叫臧健和，1945 年出生于山东一个重男轻女的农村家庭。父亲从小就不待见她，因为她是个女儿。后来，父亲出走台湾，留下她和妹妹与妈妈相依为命。

臧健和心疼妈妈，十几岁就辍学去一家医院做护士，并在那里认识了一个泰国华侨，两人结婚生女。婚后，丈夫接到家里急报，说是父亲病危，让他速回。臧健和没有签证，只能先听从丈夫的建议，在国内等着，等他在那边安顿好后再来接她们母女仨。

等她后来办到签证带着女儿去跟丈夫聚首时，却发现丈夫早就另娶他人，还生了一个儿子。原来，婆婆对她只能生下两个女儿不满，为儿子又娶了一位妻子并生下了儿子。臧健和无法忍受婆婆对两个女儿的嫌弃以及丈夫的背叛，带着女儿离开。

在香港转机时，她的盘缠花完了。她只能暂时在香港逗留，先找份工作再说。那是 1977 年，她在香港人生地不熟，不懂粤语，文化水平又低，还带着两个女儿。起初，她只能去做清洁工，住在只有四平方米的出租屋里，挣的钱还不够养家、不够给孩子交学费。

她只好再去打两份工：白天做清洁工和给一个糖尿病人打针，晚上 11 点酒店收工后去洗电车，每天只能睡三四个小时。工作中，她受了工伤（腰骨裂伤），住院期间又查出糖尿病，不能劳累，后来被老板辞退。有好心律师帮她忙，要到了赔偿金和工资，但因为被老板说她“想讹钱”，她只要了那部分工资。福利会看她困难，想给她救济金，也被她拒绝了，说是“吃救济会失去斗志”。

那时候，她的处境可以说是一团糟，工作找不到，钱没有，还有两个女儿要养。

有一次，朋友来她家里，说她包的饺子特别好吃。她就萌生了一个想法：出摊卖饺子。这样一来，身体扛不住了自己可以休息，而且还不必看老板的脸色。

想好了，她就去干，打算去湾仔码头出摊。这一年，她 32 岁。那时候，香港的地铁还在建，还没通。轮渡是人们往返于几个岛的重要交通方式，湾仔码头每天人流不断，各种小摊贩也应运而生。臧健和做的饺子品质高、讲卫生、味道好，还照顾香港人的口味，很快就超过了其他小摊贩。有个《文汇报》的专栏记者吃了她的饺子后，采访了她并把她的故事发在了报纸上。

从此，臧健和火了，她的摊位经常有人排长队。然后，有人就上门谈合作了，其中包括日本百货公司的大老板。这个大老板之所以找到她，是因为自己女儿吃啥都挑食，但就喜欢吃她做的饺子。但是，这家公司的合作条件是：她做出来的饺子，用日式包装并且以百货公司产品的名义出售。

臧健和想了想，没答应，因为她还是想保留自己的品牌，最后双方决定用“湾仔码头”这个品牌卖饺子。这样一来，她就更火了。好多大卖场也找她合作，让她做饺子批发给他们。香港水饺市场，她差不多占了三分之一的份额。她做饺子的地点，也从一开始的小摊变成了作坊再到工厂。

直到 1985 年，她才建起了一个自己的水饺专卖店。也就是说，她卖了那么多年的饺子，但没有招聘过一个销售员，她的饺子以及她的故事本身就是招牌，就是销售员。她做饺子，确实也是精益求精。如果哪个员工做了可能坏饺子声誉的事情，她不仅把员工开除，还会把所有有瑕疵的饺子全部销毁。

人成功了，替你讲故事的人就更多了。1995 年，有影视公司把她的故事搬上了电视剧。以她为原型的电视连续剧《水饺皇后》播出后，她的名气进一步增大，哈根达斯的母公司——拥有 120 多年历史的美国品食乐（pillsbury）公司找上门来寻求合作。最终，这家公司买下了“湾仔码头”七成股份，并把她的饺子推向了内地市场。

然后，我们就在各大商超看到了她家的饺子，她家的产品销售额每年达几十个亿。她在商业方面也获得了巨大的成功，两个女儿也从加拿大学成归来。2019 年，她在香港过世，享年 73 岁。据说，她的身家达上百亿，死后由两个女儿继承。

你看，如若她的前夫不是泰国华侨，或者这位华侨没有对她始乱终弃，那她可能一辈子都没机会出国寻夫，更没机会漂泊到当时还在“野蛮生长”状态下的香港，当然也就没有后来的故事。

当然了，也不是所有女人过了“情关”之后都能活得光芒万丈。能让你逆袭的，是你自己，而不是人生变故。过情关、走出情感囚牢，只是“天地宽”的诱发因素之一。至于你的人生会不会因为你过了情关而一片坦途，那就得看你在其他方面的造化如何了。

第二节 不必那么温顺，你可以活得“野”一点

（一）要强不是错，不必改

女孩子从小会接受这样的规训：

“你个疯丫头！”

“小姑娘家家的，不要那么野！”

“你看看你，还有没有点儿女孩儿样！”

家有女儿，很多父母都希望她乖巧、听话。毕竟，一个女孩子如果活得太野、桀骜不驯，就不好管理啊。

有一次出游，我听到同行的人提到自己家女儿很要强、很争强好胜，回头要好好教育一番，说得好像要强是一个不好的性格一样。

我连忙说：“任何人争强好胜都是好事啊，是有进取心的表现。如果你们生的是儿子，也许你们就不会觉得这是个问题。有的女孩子天生就是没办法不争先、不进取。作为家长，要保护好自己女儿这种争强好胜的天性，而不是因

为她表现得有点争强好胜就去打压啊。”

作为一个女性，我从小因为要强受到的“打压”实在是太多了。

小的时候，学习成绩稍微好点，就有一堆人说你：“光学习成绩好有什么用，将来还不是要嫁人的？连家务都做不好，将来怕是没有婆家肯要。”

这样说你的人，包括七大姑八大姨，甚至包括你亲妈。

结婚前独立买个房，一堆人 PUA（精神操控）你：“女孩子婚前就买房，那就更嫁不出去了。”

想在事业上更进一步，又一群人说你：“你一个女孩子，还想搞出个什么名堂？好好找个男人嫁了，把小孩养大，才是正经事儿。”

离个婚，打压你的人就更多了，“怪不得你离婚”“离婚女人就是二手车”等言论不绝于耳，离婚了还有无数人规训你要做个好前妻，不能释放你的攻击性。

至于像“你要温柔，还要懂得示弱；你要乖，不要给别人惹麻烦；要强的女人，没男人敢娶；要强的女人，大都婚姻不幸”之类的言论，更是不绝于耳。

经济下行时期，男人也觉得钱难赚，人们好像比较懂得欣赏要强一点的女人了，但给女人设置的道德标准又提高了，比如“女人要外柔内刚”“要出得厅堂、入得厨房”“在家要温柔似水，在外要刚猛如狼”。

可是，在我看来，这也是对女性的“高标准，严要求”，人们对男性就极少提出这种要求。他们在家里专制、严肃，还会被赞“有威严”。

女人想柔就柔，想刚就刚，想一会儿刚一会儿柔那就一会儿刚一会柔。只要没有伤害到别人，怎么着都可以。这当然是理想状态。但，一般情况下，一个人的品格不管在哪里都是一以贯之的。大概率上，在职场雷厉风行的女人，回到家里一般也会“说一不二”。在家里温顺柔软的女人，去到职场哪能“横刀立马”？

（二）风华正茂的年纪，就该撑起无所畏惧的野心

无数血的事实证明：女人要强根本不是坏事。你足够强，才不会被欺辱；你足够强，遇到事情才有足够多的选择权。男人从小就被灌输要自强、要强大，就是因为他们深切感受到了“做强者”的好处啊。同样，在风华正茂的年纪，我们女性也可以拥有无所畏惧、一往无前的野心。

昨天跟一个朋友聊天，我说：“谁谁谁看起来就挺淡泊名利，有一种笨拙的努力。”朋友说：“可你有没有想过，在这个社会，如果一个人没有野心，是根本混不上去的。”我一想，也对。野心本身并不可怕，只是看你怎么去包装、去展示。

倒是有些成天劝别人淡泊名利的“人生导师”，在我看来活得比较分裂。

对着你说教的时候，他们总是一副淡泊名利、看淡生死的模样。一会儿跟你讲生死，一会儿跟你强调所谓的人生“三乐”（自得其乐，知足常乐，助人为乐）。但你真要跟他们谈到合作和服务价格，他们恨不能让你直接给他成本价，多学雷锋，别留任何赚头。

我后来也明白了，他们其实特清醒：跟你讲生死，是为了显摆自己有文化；跟你讲助人为乐、知足常乐，是希望你去助他，希望你对他给出的条件感到“知足”。他们可从来不会拿这一套去要求自己。

遇到他人的生或死，劫与难，他们总是感慨：人生无常啊，要淡泊名利啊。感慨完以后，还是该争的争，该抢的抢，至死方休。劝人淡泊名利的，都是曾靠争靠抢拿到战利品的人。你看，一无所有的山野鳏夫就不会劝人淡泊名利，因为人是没办法淡泊自己不曾有过的东西的。

人活着，就是一股生命力在撑着的，而生命力的呈现方式就是野心勃勃。在“我要”的年纪，强凹“我不要”的造型，多别扭啊。

（三）女强男弱的婚姻，为何不易维持？

我有个朋友，到中年没有混吃等死，而是各种积极进取，学了很多新技能，招募团队创业并小有所成。与此同时，她的老公在职场原地踏步，回到家里也越发懒，家务参与程度越来越低。

面对这种情况，她身边的人对她的规劝都是：“您不可以太要强啊，女强人的婚姻会不幸福的。”但是，没有一个人去劝她老公：“你要支棱起来，实现再成长啊。”

有个现象挺耐人寻味的：一个聪明点的女人单独绽放的时候，可能会赢得男人的欣赏。但她一旦成为某个男人的妻子或是孩子的妈，就很容易被他看低。

这些男人是很难承认妻子比自己聪明的，哪怕事实上真是如此，所以，他们会抓住妻子的一点错处，极尽打压之能事，以期夺回一点可怜的主导权和优越感。

我见过好多由平级同学、同事发展而来的婚姻关系，到最后都是这种模式：明明当初两个人起点相同，比如，家庭条件都差不多，能考上同一所大学、能进同一家单位、能打拼到同一层级、能拿到相同的收入，在智商上是势均力敌的。但结婚多年后，女的花更多时间和精力在家庭上，男的更多把时间和精力花事业上，这种势能累积起来，多年后男的总是更显能耐，女的则略显平庸。

我一个女性朋友，大学本科学的是经济管理，当时她所就读的大学也有大专院部，她后来的老公在大专部，学的是电机专业。

在那所大学里，本科生因为高考录取分数线高一点，在大专生面前是有点优越感的。她那时候只想在本科生中找男友，不大看得上她老公。她老公在大学里就追了她好几年，毕业后又追到她所在的城市，追了大概七八年，两人才修成正果。

刚毕业时，她老公进厂，她进公司当白领，收入差不多。后来她怀孕了，她家又没老人帮忙带孩子，她就只好辞职回家做主妇。她老公则一路跳槽，现在去了一家业内知名的新能源汽车公司，收入水涨船高。

现在两个孩子都上幼儿园了，她准备出来找工作，但单凭本科毕业证的话，她这个专业非常难就业。毕竟，没多少企业需要人去做经济管理。你去管理啥呢？

这种现象，在现代家庭中非常普遍，人们都觉得正常。

如果是女的更显能耐，很有可能家庭要散架了。不是男的嫌女的太强势、不顾家，就是女的嫌男的跟不上自己的成长速度又没能把大后方照顾好。男强女弱的婚姻，易维持，因为女的更愿意牺牲。女强男弱的婚姻，男方未必付出些什么，只要妻子比他强，他就很容易觉得自己的牺牲太多了。

为什么许多女强人的婚姻很难维持呢？这背后可能有一个深层次的原因：在婚姻中，强势的女性往往面临隐形攻击。

“男强女弱”的婚姻，维持起来毫无难度，女的还要担心男人膨胀了以后要出轨。“女强男弱”的婚姻，就涉及一个权力博弈的问题。

真正的爱，指向的是成全，是希望对方像雄鹰一样展翅高飞；只有自私的人，成天盼着对方失去翅膀，从天上掉下来，成为被他圈养、仰他鼻息的土鸡。我不大明白，这类男性为啥要追求这个。女人跟你一样强或是比你强，你们强强联合或是强弱互补，让家庭资产嗖嗖往上走，不好吗？这样的家庭，抗风险能力也更强。

任何一方突发意外，另一方可以顶上，接过照顾老人、抚养后代的重任，让整个家庭不至于遭受灭顶之灾。说到底，还是智商低、内心虚弱，才会害怕女人强，才会想方设法剪断女人的翅膀。很多时候，有些公婆看到儿媳强就要打压，也是一样的原理。

他们似乎总在为男人的欲望找各种理由，然后刻意压制女性的渴望和需求。比如，女人一旦成为妻子、母亲，就被要求成为“贤妻良母”，很多丈夫、儿子都认为妻子、母亲应该温柔端庄，应该付出和牺牲，不该有过多的野心和欲望。

这些，表面上看是个人选择，实际上是历史和现实对于个人意志的塑造。指望某个个体去反抗这种压力是不现实的。它需要一代又一代人的觉醒、抗争、努力，才能有所改善。

只是，当一个女人足够强大，这点来自婚姻的惩罚也就算不了什么。所以，如若你也生了有这样个性的女儿，不必用阻挡她优秀的方式去规训她。

女人一旦破了情执，她的幸福来源就在别处。既然都是修福，此路和彼路都是路。永远活在世俗观念里的话，你反而永远无法走上幸福的路途。所以，如果你是一个天生要强的女性，那就没必要压制自己的这种好胜心，你干脆“顺天性，尽人事”，也能有一番作为。

（四）有“野心”的女人，照样可爱

林语堂曾经写过很多文章赞美女性，说她们懂得人生，而男人却只知理论；说她们了解男人，而男人却永不了解女人；说男人一生抽烟、田猎、发明、编曲，女子却能养育儿女，这不是一种可以轻蔑的事。但是，他写《武则天传》就是另一回事了，简直就是难掩他对女强人的“惧”和“厌”。

我认为，他骨子里还是只能欣赏得了贤良淑德的传统女性，最后也是跟这一类女性白头偕老。《京华烟云》中那个“知书达理识大体”、见到老公出轨就约上第三者“杯酒释三权”的姚木兰，可能正是他心目中完美女性的代表。武则天这一类女性，绝对不在他欣赏范围内。

还有很多男性把“女强人”定义为不温柔，想象成“母老虎”，说到底不过只是一种性别刻板印象——因为对比自己强的女性充满了畏惧，所以要努力找出对方所谓的缺点来打压，以占据心理优势。

事实上，对家人和善、温柔，是每个“人”都应该有的品质，不分男人女人。也许，有些人就是做不到温柔，既然这世界允许有强势的男人，那么，也应该允许存在强势的女人。

男强人不温柔天经地义，女人若不温柔就“反了你了”，这是一种典型的“双标”。

一个真正心胸宽广、追求进步的男人，在见到比自己优秀的女性时会报以欣赏、研究的态度：“她好棒，她是怎么做到比我成功的，有哪些地方值得我学习。”这是一个人对另一个人的欣赏。而一个心胸狭隘、只会从性别维度来看问题的人，若是遇到比自己优秀的女性，他的反应一般是：“又是一个女强人，她们都好恐怖。”

他们可能都想不到这一层：某一些在某个领域做出过很大成绩、拿到很丰硕的成果的女强人，根本不屑得到他的欣赏。何况欣赏是相互的，女性可以成为被欣赏的客体，也可以成为欣赏别人的主体。

我觉得我们的社会不必把女人的野心和“趋炎附势、会耍手腕、懂得利用操纵他人、会不惜一切代价往上爬，甚至借男人上位”等字眼捆绑在一起，不必因为一个女人把欲望和野心写在脸上，就说她“不温柔、太强势、没有家庭责任心、让男人退避三舍”。

男人有野心是积极进取，而女人有野心便是不择手段，这样“双标”其实也最要不得。“野心勃勃”和“以自我为中心”是两回事，男人可以平衡好事业和家庭，女人也可以。

这个社会对女性向来不够善意和宽容，女性想要出人头地本就比男人不容易。如果有一两个有野心的女性获得了家庭事业的双丰收（又或者，哪怕只是事业的单丰收），我们也应当为她们喝彩，为她们的野心正名啊。

说到底，还是因为这个世界的大部分资源依然掌握在男人的手里，女人要想在弱肉强食的社会中生存，表露得太有野心太有攻势，就要受到舆论的责罚。女人想要得到同样的东西，需要付出比男人多出数倍的努力，付出多数倍的代价。

人们对女人的野心和欲望表露出警惕，而大肆讴歌“贤妻良母”，大概也是因为担心这些女性强大起来会威胁到自己的地位和利益吧？

有野心，有欲望，并不是女人的原罪，相反，这意味着一个女人开始有了自我，开始生出了承认、接纳和追逐欲望的心。当女人开始有了野心之后，她的世界就不再只有男人，不再是从男人手里讨取资源，而是想创造资源。

无论你最终是否能遇到那个给你爱的男人，都要有自己的梦想，要做自己的主人，这没什么好被鄙薄的。而社会，也不必害怕女性有野心。有野心并不可怕，可怕的只是不择手段。女人若拿出实力为自己的野心买单，没什么不好。不要信什么“男人征服世界，女人征服男人”，有野心的女人也可以很可爱。

我想说，如果你不小心成了女强人，那真是要恭喜你了。

你可以买大房子买好车，有机会接触到更高层次的异性，可以选自己真正喜欢的伴侣而无需考虑对方的经济实力，婚姻不幸福了你也敢手起刀落离婚而不是委曲求全。

更何况女强人相对来说都比较有钱，而钱在某种程度上意味着更多选择权，更多自由。不管走错什么路，你都输得起。你能对自己的选择负起责任，也能保障自己的未来。

所以，我不再惧怕被贴上“女强人”这类看似歧视的标签，反而更愿意开放地去拥抱这些标签，因为我衷心希望我们女性自己不要再阻止自己进步了。

林语堂写《武则天传》，充满了对女强人的偏见，但全书有一句话写得特别好：若是命运不肯创造一个伟大的女人，一个伟大的女人会创造她自己的命运。

嗯，管他们喜欢什么呢。我们若是能意识到这一点，也就够了。

第三节 婚育是影响命运的关键环

（一）失去离婚能力的女人

小芬出生在中部地区一个农村家庭，家里条件非常一般，她上面有两个姐姐，下面有一个弟弟，她排行老三。

在她还上高中的时候，她爸就去世了；再后来她大学毕业，妈妈也去世了。她跟自己的姐姐、弟弟感情也不是很好，都是只能“各顾各”的那种。

大学时候，她谈了一个男朋友，两人感情还可以，但毕业后，因为面临着比较多的现实问题，分手了。小芬就去日本工作了一年，之后觉得自己不大适应异国他乡的生活，就来了广州，进入我朋友所在的公司工作。

两人做了一段时间的同事。有时候，我朋友还陪小芬一起去相亲。

也是那段时间，朋友第一次见到了小芬未来的老公：一个大小芬十几岁的离异男，说是自己有一个女儿归前妻。

离异男是个律师，但情商、业务水平，都让人不敢恭维。朋友一开始就很是不待见这个离异男，只觉得多看他两眼都厌烦。

正常人说话，语调是抑扬顿挫的，他不。他说话的语调是平的，语调没有波动，感觉他像是在梦游，永远在“碎碎念”，又永远说不出个所以然。

朋友当时就劝小芬，这个男的不行，你别找他。

小芬当时的条件还可以。长相、身材都中等偏上，学历是二本，在广州很郊区的地方买了一小套房子（月供两三千），有一份“比上不足，比下有余”的工作，还去过日本……可不知道为啥，她还是跟这个离异男谈朋友了。

离异男当时四十几岁，又买了一套小房子，经济条件比小芬稍微好一点。两人谈了一段时间，小芬怀孕了。她想着自己年纪也三十几了，若是不把这孩子生下来，以后可能也生不了了，就选择把孩子生下来。

那时候，朋友已经有很久没联系她。两人再聚的时候，小芬已经把儿子生出来了。朋友那时候还很疑惑：“嘿，你孩子都有了，可结婚却没告诉我。”

后来朋友才知道，双方根本没有领证。

小芬生了儿子之后的某天，有个年轻的女的找上门来骂她“狐狸精”，她那时候才知道：原来，儿子的爸爸跟前妻不是只有一个女儿，而是生了三个子女。

从某种角度上来说，她是被骗婚了，可是，儿子都有了，能咋办。

如果说，儿子生出来比较健康，她的人生倒也还有退路，问题是：儿子有比较严重的躁郁症，动不动就发狂，必须要她全身心地照顾。

小芬的父母已经去世，姐姐们生活境况也不大好，弟弟更是指望不上，原生家庭中没人能对她施以援手。

儿子爸爸呢？这几年他也接不到什么好案源，做律师赚的那点收入还不够还房贷、应付家庭开销。儿子又需要人全职照顾，因此，小芬只好辞职在家照顾儿子。

在这种情境下，男人对她的不满与日俱增。夫妻俩在同一个屋檐下生活，已经彼此不说话很长时间。

有一次，朋友去他们家拜访，估计夫妻俩刚吵过架。小芬都没有做男人的饭。男人到了饭点，都是自己点外卖回家。

小芬去接小孩，朋友在她家待着玩手机，结果男人跑出来跟朋友大吐苦水，痛斥自己在这段婚姻里的委屈。

朋友一脸懵，心想"她是我的朋友，你找错对象了吧"，可她还是很礼貌地劝和："哎呀，都过到现在了，就相互忍让一下嘛。她一个人带儿子，也有她的不容易。"

小芬回来，听到男人跟朋友说这些东西，就冲男的说："你别跟我朋友讲这些。人家不爱听。"

男的听到这话，不乐意了。朋友临走的时候，他追到房门口冲朋友嚷嚷："以后别来我家里玩！"

语气依旧是平平的，听了让人昏昏欲睡。

朋友反应过来他在说啥的时候，电梯已经来了。

朋友跟我复述这个故事的时候，一个劲儿地说："一个五十多岁的老男人，居然幼稚到这种程度，居然说让我别去他家里玩。天哪，他还是小孩子吗？他那意思是说，那房子是他买的，而我是小芬的朋友，没资格去。我当时得亏是没听清，不然我真应该回去冲他嚷嚷——我就来，我偏要来，我天天来，气死你呀，啦啦啦啦啦啦——比幼稚，谁还不会？跟我比幼稚，他真老了点！"

朋友在小芬家待了几个小时，目睹了小芬辅导儿子作业。

她说那个男童，可能是她见过的最难带的小孩。不管是吃饭、做作业还是干吗，一直在大吼大叫、乱发东西、乱砸东西。

小芬跟朋友说，她觉得自己也要抑郁了，夜深人静的时候时常以泪洗面，但是，她能怎么办，她只能撑下去。

我问朋友："男人有给小芬钱吗？"

朋友说："这种问题，我也不好问，但应该有给吧，只是不可能很多。"

我说："那小芬图个啥？"

朋友说："你觉得小芬现在还有退路吗？没工作，没钱，现在花的可能都是之前的老本，也应该花差不多了。娘家没人，老公，哦，不，孩子他爹，又靠不住。待在这个家里，还能省点房租，还能要点零花钱，偶尔男的还能搭把手。真要带着儿子离婚了，境况只会更难。儿子既然已经生下来了，总得要照顾。为了生活，她已经用尽全力了。"

听完这个故事，我真是后背冒冷汗。

想象一下：小芬二十几岁出去相亲的时候，肯定觉得生活充满了希望。她可能也想象过未来的诸多模样，但或许从来没想到过，自己将近四十岁的人生会是这样子吧。

当然了，这个故事其实说的还不是择偶风险，是生娃风险……娃有问题，一般家庭都扛不住。正是有无数像小芬一样的父母亲，秉着"不抛弃、不放弃"的精神，竭力为当初自己的生子选择买单，用损耗自己的方式竭力照顾这样的孩子而不把麻烦丢给社会，我们才不需要集体为这些事情买单。单就这一点来说，我在小芬身上看到的，就是人性之光。

在这个案例中，小芬虽然择偶错误，但是，真正导致她陷入困境的，是生了一个躁郁症儿子而这孩子有一个很差劲的爸爸。

（二）好好的姑娘，怎么活成了这样

我有一个朋友的爸爸，年轻时候就特别花心，她妈受不了，在她很小的时候就离婚了，找了一个品性还不错的叔叔。可后来，因为她奶奶成天在她耳边叨叨，说她爸妈离婚了，她很可怜，爸爸也很可怜，就撺掇她说服她妈跟她爸复婚。

然后，她就听了奶奶的话，真跑去说服她妈。她妈看她分上，跟叔叔分手，跟她爸复婚，但两人复婚后，她爸还是继续在外面花天酒地，她妈常年抑郁，后来得了癌症。

那时候，她还在广州，听说妈妈得了癌症，隔三岔五就辞职回去照顾她妈。结果工作了十几年，也没能在哪个行业深耕，更没积蓄、资源、人脉等积累。

她妈觉得自己时日无多，希望在临死之前能看到她成家，就给她介绍了一个二婚男，带一个跟前妻生的孩子。她和她妈都以为这个二婚男自己开店的话，有点钱，能养家。结婚后才知道，二婚男的店是妹妹开给他，以解决他的就业问题的，可他还是老把店铺开到亏损，全家主要靠妹妹养着。

在她快生第一个孩子的时候，她妈因忍受不了癌痛，跳河自杀。那时候她肚子很大了，随时要生，也没回去奔丧。她妈也没有把房产继承等事情安排好，那套房子也就由她爸一直住着，她爸后来还找了带娃的女朋友住了进去。

孩子还没满三个月，她又怀上了二宝。我们当时又劝她："你子宫都没恢复好，就又怀上，加上你老公也不想再要一个孩子，这孩子你还是别要了。你只生了一个孩子，离婚止损还来得及。"她没听，说是打胎对身体伤害大，还是坚持把孩子生下来，结果二宝有腿疾。

俩孩子落地之后，我们又劝她，趁现在爷爷奶奶还能帮带孩子，你赶紧出去工作，你老公应该是指望不上的了。结果，她说俩孩子太小，需要妈妈陪，怕爷爷奶奶带出很多不良习惯。

后来是夫妻俩吵到不可开交，她老公嫌她不赚钱，扇了她一耳光，她气得跑来我这里住了几天，说要离婚，但后来还是没离，只是出去做了一小段时间的家政工作。但小孩一生病，她又回家了，没能坚持在这个行业做下去。

中间她要投资一个项目，我一听就知道是庞氏骗局，死命劝她不要投钱，结果她没听，把最后的五万积蓄投了出去，血本无归。她老公因此抓住她把柄，数落了她好多年。

一直到了孩子要上小学，她发现她老公果然没能力安排孩子在城市入学，她只好带着俩孩子回了老家，送孩子去读书，但她没有选公立学校，而是选的私立。房租、日常开销、小孩的学费从哪儿来呢？她老公的妹妹给。

我们又劝她："这不是长久之计，她妹妹没有帮你养孩子的义务，而且她妹妹也有自己的家要养。你还是得出去工作。"

她说她的人生已经这样了，但不想自己俩孩子也这样，她想要再托举一下俩孩子。

我说："这是你在托举吗？是你老公的妹妹在托举啊。"

后来，她老公妹妹的生意也不行了，没钱供养他们了。

眼看现在她俩孩子上不了学，我只给她提了个建议："私立学校不是你能消费得起的。你赶紧把你户口转回到你爸住的那套房子里，接着把俩孩子的户口也转回去，并带着俩孩子住进去，这样孩子可以去读个公立学校，费用少一点，你也可以不必再付房租。孩子你丢给你爸带，不用考虑你爸的女朋友和那个孩子的感受，别人的孩子你爸都愿意帮着带，自己的亲外孙反而不带吗？他现在不帮你，以后还指望你给养老吗？然后，你给我出去找工作。如果你爸和他女朋友不同意，你就起诉。你妈留的那套房子，你有四分之一的继承份额，虽然总价不到二十万，你分到手顶多只有五万，但这是你制衡你爸的办法。”

但我觉得，她不会听我的建议的。只要老公的妹妹还愿意充值，她就不会离婚，也还是想让两个孩子在她根本支付不起的私立学校上学。

我们二十几岁的时候认识，那时候她学历、经济条件各方面差我一点，但她爱笑、勤快、乐观、待人接物能力蛮好……我真的不知道为什么十几二十年过去，她把日子过成了这样。

（三）离不了婚，又过不好

一个女网友在小城市的幼儿园当生活阿姨，独自带着两个孩子上小学，月收入 1500 元，就图方便接送孩子。她的公婆在乡下，从来没有带过孩子，来往不多。她老公在上海打工，一个月工资 1 万元，一个月给她们娘仨生活费 1500元。她在幼儿园上班也很辛苦，还要带两个孩子，要接送孩子上下学，做饭、洗衣服、做家务、辅导作业，可男方竟然还说她光在家里享福，全家就他受累。

他们结婚早，过早地生了两个孩子，但现在越来越过不下去。男方因为买车、装修房子等，各种搞信用卡套现，利滚利，现在已经欠信用卡十来万元，还一言不合就对她各种辱骂。她早就受够了这个男人，但是有两个女儿要养，暂时也不想离婚。以前也闹过几次离婚，但因决心不大、底气不足，最终也没有离。

现在是男方叫她回娘家借钱，她不乐意。以前小夫妻装修房子的时候，她找娘家借了好几万，至今未还。近期，两人关系非常恶劣，谈到了离婚。男方从来没带过孩子，从小到大都是她自己带大的，离婚了也根本不想要孩子的抚养权，但她想要孩子的抚养权，可仅仅靠她那点收入，她根本养不活两个孩子。一旦离婚的话，男方肯定不会如期支付抚养费，维权成本又高。

她现在的这个困境，暂时无解。如果她婚后才发现男方有这些问题，在没生孩子的时候就及时离婚止损，那就有救。如果她在只生下第一个女儿的时候，发现男方有这些问题，那也还有救。但现在她有两个女儿，男方又是这么个人——除非她完全不管孩子，远走高飞，但为人母亲，又如何狠得下这个心来？

她现在唯一能做的，只是不再搭理男方怎么说，哄着他把每个月的那点生活费给足，然后熬着、忍着，等到孩子能自立，再做别的打算。如果男方连那 1500 元都不愿意给了，再考虑离婚。但如果离婚的话，法院极大概率会让他俩一人带一个孩子并且无需给对方支付抚养费，而且男方极有可能名下没有任何财产可分。这对俩孩子的成长也是极其不利的。

面对这种处境，你让她出去找份高薪点的工作也不现实，只能指望她两个孩子或者其中一个，能意识到妈妈的处境和辛苦，成器、有出息。现在妈妈托举她们，她们长大以后再把妈妈拉出火坑。只要男方不动手打人，就暂时只能先维持现状；实在维持不了了，再想别的办法。

这种情况，她已经成了某种意义上的“人质”，已经错失了最佳止损和补救机会。人生很多问题能得到解决，主要靠资源，即，金钱、时间、精力、机会等，而不是靠方法。缺资源的情况下，改善方法是没啥用的。

（四）如果婚姻已朽烂，更要谨慎生二胎

小万最近很烦恼，她在后台给我发了一大堆私信，说她老公和公婆都想要她生二胎，她打死不愿意，想先从老公这边下手沟通。

小万的公婆经常对着她女儿说“让妈妈给你生个弟弟好不好”。一听到同龄人有孙子，他们就很羡慕地跟同龄人说“你们真是好有福气”。

她老公呢，比较愚孝，凡事都想顺着父母的意，觉得多生一个孩子也是好事。

小万的顾虑是这样：假如真能再生一个，要还是个女孩呢？公婆一定比当时生大女儿时更生气、更失望，会更加接受不了。如果生了个男孩呢？也不一定会带来皆大欢喜的结局。公婆会对孙子各种溺爱，而对大女儿各种忽视，就像当初公婆对丈夫和丈夫的姐姐的态度天差地别一样。

二胎若是生了女儿，小万不想再体验一次婆媳之间的矛盾以及生孩子、养育孩子的辛苦。若是生了男孩，她不想自己的儿子在公婆的溺爱下长大，更不想女儿在公婆的忽视下长大。

不管是从自己还是从孩子的角度考虑，小万都不想再生二胎。

小万打了一大堆留言给她老公，并且把留言草稿发给我看，接着问我：“我这样说给老公听，有没有不妥当的用词？有要修改的地方吗？有说服力吗？”

我回复她:“你的老公你了解，我不是你老公，没法给你具体的意见呢。”

其实我心里想说的是："如果你连表达自己的诉求和想法，都怕你老公生气，那你还是啥都不要说了。"

我能给小万的建议是：与其在"术"的层面想办法，不如去细想"道"的层面自己能做什么。

如果换做是我处于她这样的处境，我一定不会生。如果我坚持不生，丈夫就要离婚，那我爽爽快快和他离。

能确定她会不会被逼着生二胎的，并不是她跟老公沟通的语气、态度，而是她自己在这段婚姻中拥有的底气、实力。

如果有离婚的底气、实力（不一定真离婚），那么，选择权就在她的手里。公婆、老公说什么，她都可以当是耳边风。

如果没有这种实力和底气，那么，痛苦、纠结是必然，甚至迟早得为了暂时的和平而妥协。

说到底，"公婆、老公逼着我生孩子"，其实是一个伪命题。一个大活人，能怎么被逼迫呢？

要不要继续生二胎，是夫妻两个人的事，与双方的父母无关，因为父母是孩子的第一责任人。虽然，有些长辈可不管你这些，特别是那些重男轻女的长辈，若是没能抱上孙子，会觉得自己活着都没意义，又如何懂得"长辈不该插手小夫妻婚姻生活"这些文明人才懂得的礼仪？

你能改变他们吗？改变不了。但你可以我行我素。这一切取决于你的底气在哪里。如果你不害怕离婚，那他们的话就是耳旁风。如果你害怕离婚，那你十有八九会屈从。

屈从之后，幸福日子就来了吗？未必。

我身边那些能拿离婚逼迫女方生二胎的男人，多半生完之后还是能找个借口离了。

能做出这种事的人，多半对伴侣、对婚姻也没多大尊重了。

作为女人，还不如少生一个，少一个可怜孩子。

“因为老婆不生二胎就跟她离了婚”的男人，离了之后若再找，想必也没那么容易。脑袋没被门缝夹过的女人，大多想离他越远越好。

这年头，愿意多生几个孩子的女人一般有两个可能：一个是经济不独立，被动成为生育工具或主动靠充当生育工具，赢取家里的话语权；二是家里钱多得花不完，夫妻又很恩爱。

除此之外，大多数女人都要衡量一下多生一个孩子的代价。

对那些不愿意参与家务劳动和抚育孩子的男人而言，多个孩子也就是多提供一枚精子的问题，他们该工作的工作，该出差的出差，该玩乐的玩乐，又如何能明白女人的辛苦以及因为生育而带来的风险？

但，对于大部分女人来说，生养孩子几乎意味着要失去百分之八十以上的自由。很多女人，因为生一个孩子或是多生一个孩子，搭上的是健康、身材、事业、生活，乃至整个人生。

也请那些逼着女人生二胎的男人想一想：如果你既没钱，又不愿为养育孩子投入时间、精力，甚至都不敢保证自己不会出轨，还搞不定喜欢干涉小夫妻婚姻生活的你爸妈，只是光有一股冲动，以“孝道”“无私”等词来绑架妻子和你一起生二胎，这像不像在占别人便宜，像不像是耍流氓？

如果多生一个孩子会让女性更幸福，那不用谁逼迫，女人哭着喊着也会想多生个孩子的。毕竟，没多少人能抗拒孩子的可爱不是？

如果不是，或者，多生一个孩子有过得更不幸福的风险，那还是慎重，再慎重吧。

（五）婚育是有风险的，一定要增强自我兜底能力

以前我对“婚姻是第二次投胎”这话嗤之以鼻，现在不了。婚姻有时候真的能决定一个人未来的走向。你嫁去哪里、和谁结婚、会生出怎样的孩子……所有的因素，共同决定了你会拥有怎样的晚年。

就拿我妈的几个姐妹来说，我妈胡乱一嫁，就嫁去了全乡镇最早一批脱贫的村落，那里有相对比较好的教育资源……我也才有机会接受相对好一点的教育。任何一个环节发生点偏差，都没有今天。

我妈和她的姐妹们在嫁人时，根本没有考虑过那么久远的事情，只是命运推着她们走到哪里，她们就选择了什么。感觉命运像个大棋盘，而我们是棋子。只要局一布，自然会有人陪你下完这盘棋。棋局多变，但你永远只能在棋盘上蹦跶。

婚姻当然不是“第二次投胎”，但我觉得它是命运的关键环。真的有很多女性，因为婚姻，改变了命运。其实何止是女孩，所有人都是这样的。有的命是向上改，她们嫁对了人，过得更好了，甚至可能大富大贵、幸福圆满。有的命是向下改，她们嫁错了人，过得更差了，甚至可能因此丧命。

对于大多数人而言，年轻时的选择几乎能决定你的后半生，而和谁结婚、生子，确实会在某种程度上决定你的后半生。

绝大多数人，只有在 20 岁到 30 岁之间才有故事发生。之后的人生，全

是事故，全是在为这个年龄段的选择买单。我们在 20 岁到 30 岁之间遇到什么人、发生什么事，基本就奠定了我们的人生基调。

婚姻和创业一样也是存在风险的。对一些眼光和运气不那么好的人来说，婚姻甚至隐藏巨大的凶险。

走进婚姻，人们有可能过得幸福，但也有这样的可能：女性轻则成为免费保姆、性工具、育儿工具，丢失了自己；重则被背叛、被欺骗、被家暴甚至丧命。

不管是结婚还是生子，都要慎之又慎。如果婚育可能会让你的人生进入更被动的境地，保持单身也是个不错的选择。

结婚只是另一场旅途的开始，是需要两个人都具备承担生活重量的勇气和能力的。换而言之，你具有顶梁柱的气质，才能跟另一根顶梁柱一起撑起一个家。

但我发现，很多人结一场婚，都是奔着乘凉去的。这种心理，在一部分女性身上表现得更明显。可是，都想乘凉，谁当树啊？通过婚姻实现阶层跃迁的女性是非常少的。

绝大多数人进入婚姻都是婚姻的建设者、合伙人，而不是去分红的。

前段时间，我和朋友们在微信群里聊了一个问题：“年纪稍大一点之后，是不是顾虑就变多了，很难再爱上一个人或是冲动跟他结婚？”

我说，离婚这事儿，是瓜熟蒂落，是蓄谋已久，而结婚这事儿，则是水到渠成，但也是需要冲动的。一桩好婚姻，应该是水到渠成的事儿，不是说到了哪个年纪该结婚了该生子了，然后就随便找个人结婚、生子。有合适的人出现自然会恋爱，感情到了某个程度自然而然就想结婚生子，想永远在一起，然后，一冲动，可能就结婚了。

在“初生牛犊不怕虎”的年纪，遇上一个人，天雷勾地火，说结婚就结婚了。这本就无可厚非。只是，随着我们年龄慢慢增大，看到了身边那些无常，见识到了那些让人很难抽离的低质量婚姻，就会对结婚这事儿慢慢生出恐惧来。又或者说，这不叫“恐惧”，而只是“更挑剔”“更谨慎”。

谨慎的原因，是因为你知道了婚育这事儿也存在风险，是你更有底气和勇气面对一个人的生活，那你在选择时，就会“慎之又慎”。

青春是很短暂的，人生的选择是不可逆的。年轻的时候，我们有大把选择，但那个时候我们活得横冲直撞，什么都不懂，却自以为通透。等到我们“懂得”一些，也活得稍微通透一点了，木已成舟，我们也慢慢步入中年、老年。

人生，说到底，就是打开一个又一个的盲盒，然后，又挨个关上。而我们从别人的故事中，最该学到的一点是：趁年轻，好好做每一个选择。如果错了，及早纠正。

我们决定不了命运走向，但通过“做对选择”“及早纠错”，我们可以争取让自己的后半生少点被动，多点从容。

第四节

拥有强者思维，人生才会更开阔

（一）社交上的弱势思维

有几年，我妈跟我在广州生活，但她跟她其中一个妹妹几乎从来不联系，因为两人在社交方面都是“弱势思维”。

我妈认为：“我背井离乡来到了广州，在这里都不认识几个熟人，现在又老了、身体也差了，老伴也中风了，你都不主动打个电话来问候一下我。”

我这个姨则认为：“你们现在日子过得好了，都去广州享福了，也不缺钱用了，而我还在农村过苦日子。你都不主动关心一下我，你是不是看不起我？”

从小，我妈就教育我：“别人不来你家吃饭（住宿），你就不要去别人家吃饭（住宿）。别人不主动给你打招呼、打电话，你就不要给别人打招呼、打电话。”

小时候，有一小段时间，我每次主动去结交别人，都得先克服我妈灌输给我的思想，这就导致我内心戏也特别多。确切说，是“弱者思维”“受害者心态”特别浓烈。

再后来，我发现，我妈教给我的那一套，其实是一种弱势思维。

以前，给人家发微信，人家没有回复却在朋友圈发布了新消息，我可能就会想：“哼，看来人家根本没把我当回事，我这是在热脸贴冷屁股。”现在，人家如果回复我了，我自然感激。不回复的，那就想象一下人家是不知道怎么回复或是忙忘了，那我再尝试两次，如果还是不回，那就把对方也删了算了。人和人在某个时间点产生交集，然后又走散，太正常不过了。

上次去昆明出差，因为行程比较紧张，我没去我小姑家。我妈就问我：“你到了昆明都不去看她，搞不好她会生气，你这又得罪她了。”

我说：“她生气啥？我行程那么赶，还要提溜着行李来回花三个小时去看她？那她就不怕我生气？她就不怕得罪我？”

我都四十岁了，能量也早就比父母那一辈人大，但我妈还是觉得我是小孩，不能得罪我小姑这样的“大人”。

我回到老家，跟老家人相处，我妈也总是要求我不要得罪这个、不要得罪那个。

我说，如果不去谁家吃饭就是得罪了谁，那我就得罪了。他们得罪我，失去的是一条可能对他们有用的人脉。我得罪了他们，对我来说没啥代价啊。

以前，我听到谁谁谁在背后说我坏话，可能会跳起来，而且会连带着这个传话的人一起恨。现在，只要你没当我面说，我就当没听见。然后，通过交叉印证，证实事实后，再像下棋一样，调整背后说我坏话的人、传话的人在我人际关系圈里的不同位点。

也不知道从什么时候开始，很激烈地要跟谁决裂之类的事情，在我生活中越来越少了。我觉得很大一个原因是我内心变强大了。到一定年纪以后，生命花园慢慢变得荒凉和寂寥，你恨过的人、讨厌的人也成了你生命中给你凑热闹、捧人场的人。与此同时，你的心量、格局，也会变得越来越大，你不会老是把自己置于一个被伤害、被欺负的角色去考虑问题了。

当然，我们上了点年纪后，会不会这么思考问题，也是分人的。有的人，一辈子都没法产生“强者思维”。

我记得，有一次我爸跟我倾诉说他觉得我老家的亲戚一个个都比较自私、没人味，他中风好多年了，都没几个人去看望过他，没打电话问过他的情况。而他们以前身体出个什么事，他都会去看望的。

我跟他说了这样一段话：

我理解你的心情，但一个人如果不对别人的行为做预设，可能会更容易产生幸福感。

这种预设，本质上也是掌控欲，即，你希望别人按照自己的期待去做，若是别人做不到或是不听你的，你就感到痛苦，那这相当于是把“让自己幸福的责任”交到了别人手中，这是非常被动的。

还有，人和人在这个世界上相处，永远都是内心更强大、资源更充沛、活得更智慧的，去包容内心虚弱、资源贫乏、活得混沌愚昧的。

你让一个给你打个电话都嫌电话费贵的人去关心你，根本就是不现实的事。

强、富、悟性高等，都有比较大的延展性。如果让我做选择，我还是愿意做这种人，英语里称这类人是 giver，意思是给予者。

你为什么能做这种人？就是因为你拥有更多。

做分配者，比做被分配者更幸运也更幸福。

也不知道我爸是否听得懂。

（二）持强者思维，去做一个强者

我发现，很多女生想象一下未来的图景，用的也是弱者思维。

我曾经收到过一个女网友的私信。她担心自己将来会因为“非处女”身份而在婚恋市场上受歧视，担心自己未来的丈夫知道自己跟前男友同居过，就会对自己不忠。她在幻想未来时，幻想的也全是自己被抛弃、被伤害、被嫌弃的图景。而且，主观上认为自己与前男友同居过，自己就低人一等了。

持这样的“弱者思维”，很容易强化自己作为弱者的认知。这种认知固化下来，你就真的会散发出怯怯的气场，让你更容易暴露在豺狼虎豹的视线范围之内。像是一只受伤流血的小白兔，总会吸引来嗜血的大灰狼。

我个人建议，女孩子要刻意打造强者思维。

什么是强者思维呢？我还是以上述案例作为例子。

婚前与男友同居，你可以这么想：幸亏我婚前试过，不然要是婚后才发现对方不行，可咋办？咱们又不是不能为这个选择负起责任的人，既然做了就不后悔。

跟男友分手了，不要动不动就悲悲切切地想“我把青春献给了他，却还是迎来被辜负的结果”。

不要老是把自己当成客体、第二性。你的人生是你自己的，你都不把自己当主人，那你被别人 PUA、伤害的概率将大大增加。

弱者，更容易恐惧，也就更容易受控制。所以，不要做弱者，不要持弱者思维，也不要以当弱者为荣。

三十岁的时候，因为婚姻受挫，我发现一点：女性的不安全感，有时候来自整个社会家庭系统的设计。在那以前，我认为我的人生要跟一个男性捆绑，我才会更有力量。总体来说，还是有点“等、靠、要”思想的。没有等到、要到、靠到，就难免对他人、对自己失望。

但后来我发现，如果你自身心性变得强大，就能超脱这种社会在婚姻、家庭方面的系统设计。你会发现，那些恐吓你的东西，其实都是“纸老虎”。你不遵守它，也不会迎来多惨烈的后果。我们终究都要以“人”，而不是“女”的姿态，活在这个世界上。“女”只是你的性别属性而已，你是个怎样的“人”才是最最重要的。

强者心态的核心是：我不需要任何救世主，也不带着救世主的心态去拯救别人，但我永远有解决问题的能力。面对任何人、任何事，我都不把自己放在下位，不把自己当作受害者，去被动承受。我会朝着问题迎面走去，并把问题当成磨刀石，把自己历练成一个更好的人。

（三）强者思维，就是能为自己的每一个选择买单

看到一个年长但有钱有资源的女人找了一个年轻帅气的男士当男朋友，总有人会说：“男的就是贪图她的钱财、资源，不然，他们凭啥看上她啊？”

说真的，我不大同意这种说法。本质上，这也是一种弱者心态。

长期以来，人们习惯了“男强女弱”+“男大女小”的婚姻搭配模式。如果一个女性结婚后，得不到男方提供的钱和资源，还要“倒贴”出去，那这场

婚就结亏了。

很少有人会觉得这种“男强女弱”+“男大女小”式婚姻是男方倒贴，甚至还有人认为他们“艳福不浅”。总之，在这样的婚恋模式中，他们不是潜在受害者，而是“得利者”。

可是，如果女性是资源强势方，为何不可以给伴侣钱和资源？你有两个亿的财富，花几百万给男方买套房子，那你照样给得起啊，输了也不心疼啊。

所有“在一起”的关系，本质上就是各取所需，只不过这个“需”不一定能用金钱来量化。“姐弟恋”+“女强男弱式”婚恋模式中，女性从婚恋关系中得到的“利”，也不该局限于钱和资源这样的物质层面，年轻男士提供的高质量的性、情绪价值，当然也算“利”。

只要大家都能改掉“女性一定要从男性那里获得资源，这场结婚才算不亏”的心态，就不会替姐弟恋中的“姐姐”感到吃亏了。

同居、结婚等，不该是男性对女性的恩赐，也不该是女性合法占有甚至掠夺男性资源和利益的机会。大家也别把爱情和婚姻理想化，动不动就去追求所谓的纯粹。这世界上哪有什么纯粹？哪有什么无条件的爱？我们每个人，都是因为有能被别人“图”的东西，才会被爱。

我一个女性朋友于 38 岁那年结婚了。她一个朋友婉转地提醒她，男方可能是图她的资源。

她很坦然地回答：“到我这个年纪，还能活得让别人有所图，你不觉得我挺成功的吗？”

一个大我 10 岁但把事业经营得非常成功的姐姐，离婚后找了一个比自己小 13 岁的男生结婚生女。面对“小男人是贪图你钱财”的质疑，她的回答是这样的：“一个女人死守着财富，那是因为只有钱才能给她带来安全感，可我对钱看得很开。你想，如果我们都已经成了家，可我还锱铢必较，那我们一定会有很大的矛盾，所以，我愿意帮助他创业，在不会动摇我经济根基的前提下去扶持他。我的想法也很简单——你若能成事，他日我有难，你才有能力扶我一把；你若来日负我，那我对你已是仁至义尽，你拿着你自己的事业远走高飞，也不至于再来跟我讨要钱财，让我闹心。真若是遇到了白眼狼，我也不会因此成为怨妇。我当时给的，都是我愿意给的，我能为自己的决定买单。”

我觉得这才是真正的强者心态。

如果这位姐姐和她的丈夫对调一下性别和年龄，大家还会这样去提醒么？大概率上不会。大家只会觉得，这男人既然愿意给，就说明他给得起。所谓“给得起”，当然也包括“亏了也不心疼”。那么，如果女人足够强大，她能像男人一样成为给予者，能为自己的每一个选择买单，那人们替她担心啥呢？

不是所有的女性都热衷于宫斗。总有一些人能看清这条路上的“存量天花板”（她们能分到的上限，就是男人拥有的东西），而倾向于加入“增量竞争”（她们能得到的，是更大的世界、市场馈赠的，几乎不存在上限）。

她们认为，永远不要眼巴巴地等着“分蛋糕”，有本事的人都会“做蛋糕”。把“分蛋糕”的力气花在“做蛋糕”上，才能掌握更多主动权，才能赢得漂亮也输得起。

这样的思维，才是“强者思维”嘛。

（四）强者思维就是自我兜底、自我成长

我们都会唱《国际歌》里那句“从来就没有什么救世主，也不靠神仙皇

帝，要创造人类的幸福，全靠我们自己”，但我发现，真正能领悟并做到这一点的人，现实生活中是很少的。

每个人，多多少少都会有点依赖心理。离婚之前，我拿驾照好几年了，但因为有前夫可以依赖，因为考驾照时屡考不过，开车这事儿带给我很多心理阴影，我始终学不会开车。后来，带着孩子，不会开车始终不大方便，我硬着头皮上路，慢慢也就会了。

所以，所谓独立，真不是兜里有几个小钱，在社交媒体上展示几个独立造型那么简单，而是不把别人的主动帮助视为理所当然，不对身边的人有过多“义务预设”（这样别人没做到也不会心生怨念），有时候甚至要当“那些能帮助自己的人都死绝了”，是把脑子里时不时生出来的依赖念头给生生掐死，想尽一切办法去解决生活中出现的每一个问题（解决不了的就随它去），是自我抉择、自我负责、自我优化、自我兜底。

说到底，从生到死，我们的生活擂台上都没有别人，只有你自己，他人只是看客、过客而已。任何时候，在任何事情上，都不能有“等、靠、要”思想。这世界上唯一能为你撑腰的，就是你自己。

有成长力的人，看到一条对自己有益的小方法，第一反应是：我要学起来。一件事情对自己是否有益处，他们的评估速度很快，反应也很及时，行动力更强。

没有成长力的人，看到别人提的一个小方法跟自己平时的做法相反，第一反应是：你这是在害我。他们的自恋被破坏之后，第一反应是维护自己的自恋：我是对的，你是错的。

这就是“强者分析利弊，弱者纠结对错”。

如果把两者的思维疆域都比喻成疆土，有成长力的人的思维疆土是松软的土壤，无成长力的人的思维疆土是水泥。

土壤是比较适合播种的，什么种子都可以播种进去，它还会充分地吸收雨露、大地的营养。你在上面种什么，都很容易有收成。久而久之，土壤上面长出了一片庄稼甚至一片森林。

水泥则不适合耕种，你泼一盆水过去，它都能让这盆水排出体外。做土壤还是做水泥，只是个人选择，但它也能让你摆脱或建立某种生活惯性，决定了你往后的人生是否会越走越宽阔。

我家天台花园的花盆，大一点的，土壤多，锁水性强，里头的植物几天不浇水也没事。小一点的，截然相反。再想到海里的生物，大鱼吃小鱼，小鱼吃虾米。沙漠里，每次起风，大沙堆就越来越大，小沙堆直接被刮没了。再想到星空、天体……质量大的，吸引、吞噬、撕碎质量小的。也许，天之道，就是“强者越强、弱者越弱”。

弱想变强，太难了，因为你需要摆脱巨大的、让你变弱的思维惯性、行为惯性。但一旦摆脱了恶性循环，你就具备逆袭的前置条件了。

第五节
要“实事求是，朝气蓬勃”地生活

（一）不轻易挥动道德大棒

之前，有个朋友问我：你现在怎么看待男人出轨？

我回答：“我现在看待这些事情的角度更具延展性。”

如果把出轨和离婚事件比喻成一个夹角，那我在发现真相的那一刻就是夹角的原点，随着时间流逝，这个“事实”（夹角的度数）不变，但夹角边的长度变了，夹角边夹住的范围也变宽泛了。

人都有欲望，但不是每个人都能控制好自己的欲望。对受害的一方来说，从废墟上重新站起来，是一场大劫，也是一场大恩。你明白了人都是有欲望的、有弱点的，人是会犯错的但也是会成长的，人和人的关系不是固态的、永恒的，而是会流动的。你承受“动荡”的阈值会变高，你对“稳定”不再有执念，你会发现：通往内心的路更通畅，而通往幸福的路不是只有一条。

经历过这些东西的洗礼，你再回头看那个夹角的原点，只觉得它很小，小到不值一提。你越往外走，就越能发现世界的宏大。而道德，是你在弱小的时候，用来捍卫自己内心秩序的武器。如今，你依旧畏惧道德的力量，但它只对你自己形成约束力，不再拿它去要求别人了。

我时常觉得，把“天道”理解成为“人类道德标准”，实在是把自我、把人类摆在了一个过高的位置。

对于“天”而言，人类渺小如蝼蚁，它才懒得了解你的那些爱恨情仇、因果善恶。就像你，你有兴趣了解一只蚂蚁的爱恨情仇、因果善恶吗？在“天道”里，它只讲生命力和能量强弱，只讲物极必反和平衡。

它跟人类理解的“人道”是不一样的。你有时候觉得“善恶有报”符合“天道”，只是因为那段时间“天道”刚好运行到了让你内心感到舒服的位置，仅此而已。

人不能指望“天道”，那还是一种“救世主”文化。人只能顺应天道。某种力量占上风时蛰伏、蓄力，另一种有利于自己的力量占上风时搏击。

除却一些十恶不赦、应该被碎尸万段的人，我觉得人其实都是可怜的。如果我们不觉得“人都是可怜的”，其实是因为我们自己的能量不够大，心量也不够大。

你们知道我刚离婚的时候，每次说起前夫都想大骂他是负心汉，有时候是真的发微信去骂。可现在，我只觉得当时的自己好搞笑。

那时候我多弱小啊。住在广州珠江新城边上一个小房子里，做着一份工作，领着并不很高但足以覆盖房贷和日常家庭开支的死工资，经常抱着孩子在烟尘四漫的路边等出租车。前夫在我眼里则很强大，他住进了大房子，开着豪车在我跟前晃荡，不想接孩子就不来接，我还担心他会不会突然不给抚养费。换而言之，我认为那时的他，还具备伤害和拿捏我的能力。

可当我变得强大了，我才开始觉出他其实也跟我差不多，甚至比我“小”

(能量小、心量小)。这时候，你的“恨意”会转化为“悲悯”。在前段婚姻里，我已经是倦鸟归林，而他对整个世界还蠢蠢欲动。这种错配，让我不快乐，那他何尝不是？而且，最重要的是，我已经完成自我疗愈和救赎，而他一直很难自洽，这导致他很难像我一般活得敞亮。

一旦你发现对方的“小”，你就能放下了。不就大闹了一场嘛。没这个对手，这场戏还没那么精彩呢。

到我这个年纪，我觉得从道德角度去看出轨问题，实在是一件有点幼稚的事情。

婚姻也好，职场也罢，乃至市场，讲的就是“供需匹配”。很多人不出轨，不是因为道德高尚，而是衡量了各种利弊之后，不出轨对他们来说是利益最大化的一种选择。

老天也不会按照你认定的道德标准，帮你出手去惩治恶人。万物讲的只是平衡，而平衡说的就是供需匹配。如果不匹配了，各种无形之手会把你们扒拉开。

真不必对“一生一世一双人”有那么大的执念。

（二）云聚云散，缘去缘来，皆是天意

我一对老朋友是一对夫妻。他们的故事，总结起来无非就是：双方各自从原来的婚姻中出走，突破层层阻碍，组建成了一个新的家庭，目前很是情深意笃。

具体的细节，我听过好几个版本，也不知道哪个版本是真的。男方的前妻曾让我产生极大的共情，但我对男方和他现在的妻子也有很深的理解。

对我来说，这事儿就是一场“罗生门”。但是，我关心细节吗？不关心。细节对当事人才重要，明智的外人只懂得尊重既成事实。并且，不多话、不传激化矛盾的话、不站队、不介入他人的因果。

人类在面对“罗生门”的时候，永远是立场先行的。就像我前夫的发小，曾经跟我产生过交集，也知道我们的故事，但他还是要无条件站前夫的，因为前夫对他有情有义，而我只是飞过他人生的一只萤火虫。

作为外人、旁观者，我们是这样的，那其实对孩子们来说，他们也只是父母恩怨的外人、旁观者。孩子们面对复杂的家庭关系，最应该有的姿态也是：不表态、不传激化矛盾的话、不站队、不结盟、不介入上一代人的因果。在孩子们没有能力构建这样的生态时，父母要努力为他们构建这样的环境，而不是把他们纳入自己的阵营，让他们过早去承担原本不属于他们应该承担的因果。

我们每个人，都活在一个又一个的能量场中。命运的齿轮走到了某个点，你会遇到一些人、一些事，接着发生一些化学反应。到了某个年龄阶段，你可能比年轻时候更清楚自己更想要过怎样的生活。

你会和另外一个人分道扬镳，是因为你们对彼此已经是互相消耗，而不是互相滋养，即使不出现张三，也会出现李四。而我们跟另外一个人相遇乃至相杀，也是因为对方身上有我们需要的东西，我们注定要跟对方发生那样的能量纠缠。

就拿我自己来说，十年前我根本想不到那些发生在我身上的糟心事，我有一天也能用开玩笑的口吻说出来，这正应了我写的第一本书的书名《那些让你痛苦的，终有一天你会笑着说出来》。

同样一件事，不同立场的人可以有不同的道德解读。但是，我们的情是真的，意是真的，恨是真的，这种流动的能量是真的。是这些能量的涌动，促成了一个又一个的结果。那就让它自如流动就好了。

得与失、爱与恨、痛与乐，看起来有很大的差别，但实际上都具有“同源性”，都是承载能量的方式，都是矛盾对立统一体。

如果你把自己看得更重要一点，把别人看轻一点，最终你会发现：这条人生路上，一直只有我们自己。我们遇到别人，体验一场爱恨，照见的也只是自己。

人生赛场上，我们最大的、唯一的对手，也只是自己。其他人只是路过和陪练的。

（三）直面事实，朝气蓬勃

我大学母校的校训是“实事求是，朝气蓬勃”。我那时候觉得这个校训像是从政治课本上随便抄下来似的。可是，人到中年，我突然觉得它不是刻在石头上的，而是刻进了我心里。

想要做到“实事求是，朝气蓬勃”，其实是很难的。很多人是根本做不到的。现在我是怎么去理解这话的呢?

“实事”就是客观存在的一切事物；“是”就是客观事物的内部联系，即规律性；“求”就是发挥主观能动性，研究“实事”，认识规律，按规律办事。“实事求是”的意思是，基于客观事实，寻求客观规律。

很多女孩们总是沉迷于幻想、拒绝接受真相，自欺欺人。意识到真相之后，又懒得探寻其内在规律。探寻到内在规律之后，又疲于行动，不去“求”。这都是有违“实事求是”的精神的。

“实事求是”在先，“朝气蓬勃”在后。人只有先活得“实事求是”，才能做到“朝气蓬勃”。

如何“实事求是地活”？我觉得主要秘诀是两点：

第一，对内、对己，绝对忠于自己。不装，不矫饰，不做作。你忠于自己的程度越高，你与世界的相处才越丝滑。

第二，对外、对人、对事，都只忠于事实。减少预设，减少内心戏，不过度揣测，不靠想象去做决定，不给自己设定与事实无关的剧情。

在做到以上两点的基础上，你再去追求“是”，也就是真理。接着，借用真理的能量让自己进一步开悟，以悟性获得财富和自由。

很多人真的不是“实事求是”地活着，而是活在各式各样的茧房里、幻想下、剧情中。像是活在一个透明的金刚罩中，油盐不进、刀枪不入，但它跟“真实的世界”是隔了一层东西的。

比如，很多人在跟伴侣相处的过程中，特别喜欢让对方揣测自己的需求，对方猜不到就上纲上线说人家“肯定是不爱我了”。每每此时，我都在想：天哪，这样你到底累不累？你想要对方为你做什么，直接下达指令就行了。人家愿意去做，就说明还是在乎你感受的啊。

这类人，内心戏特别多，被害妄想特别严重。他们经常把“想象”当成“既成事实”去担忧，去恐惧，去焦虑，去防备，去攻击。

年轻的时候，关于情感关系，我脑子里有一堆的正确标准。比如，出轨是欺骗伴侣、背叛自己，人不应该欺骗别人，应该忠于自己，你可以离婚但不能几头骗。

那时候，我时常因为别人不够正确地对待我而愤怒。现在，这些正确标准也还在，但我脑子里的愤怒感减轻了很多。

我会觉得：始乱终弃也好，出轨也好，都不算是个事儿，不过就是当事人的人生需求发生了改变，然后“供需不对等”了而已。事情已经发生，你抱守一整套“应该不应该”的标准折磨自己、问责别人，本质上还是在跟自己和别人较劲。你把它们都当成“天气”，接纳然后顺应就好，比如，暴晒就做好防晒，下雨就打伞，台风大就不出门……

人真的不能一直活在某种预设和“应该”里。不爱了就说，好聚好散，散了再去找各自的爱人。这是理想状态。现实生活中的剧情，不会按照这种“应该”走。如果你的伴侣做了“不应该”的事情，你只能选择接受或不接受。人真的不能一辈子困死在这种“应该”里，余生就靠道德大棒过活。

人和人的关系是很现实的，很多时候就是利益驱动。你要实事求是地活，而不是“充满预设”地活。

“实事求是”是手段，“朝气蓬勃”是追求、是结果。“朝气蓬勃”，说的并不是年龄，而是一种心气，一种蓬勃向上的生命力。与它对应的词是“老气横秋”，是“圆滑油腻”。到中年以后，人特别容易沾染这种气息。中年人的样貌可能千差万别，但一个个的，灵魂上的油脂可能比肚子上的油脂还要厚。

所以，我一直敬佩那些到了中年依然保持某种青年气、锐气的人。比如，苏东坡、鲁迅、丰子恺、黄永玉、南怀瑾、张桂梅等人。他们年纪很大的时候，气质也没有变浑浊。他们不是不知道这世界上有肮脏、黑暗、污浊的那一面，但知道了、看透了又怎样呢，还是会奋力打开一扇门窗，让孩子们、他人通过这扇门，站到有阳光的地方去。

这就是“自立立人而达于至善，自觉觉他而觉行圆满”。他们哪怕老了，也还是“朝气蓬勃”的。

以前我觉得“实事求是，朝气蓬勃”是一句口号。现在想来，如果一个人真能把它贯彻落实到人生各个层面，那就是真的活通透了，连灵魂都会美出色彩。

第六节

活得真实点，内耗最小

（一）开豪车能彰显身份吗？

前段时间，我看到这样一个求助：一个 30 岁男生，在某省会城市工作，月收入 1 万，积蓄有 30 多万，纠结是先买入一直梦想的一辆车，还是把这钱作为一套房的首付。

评论区好多女网友说："当然买房了。"

唯独一个男网友回答他："当然是先买车啊。买入一辆自己喜欢的车，再开着这车去见客户，说不定一年就把房子的首付钱赚回来了。"

我目瞪口呆，心想：决定你能不能把房子首付钱赚回来的，可不是你开什么车，而是你到底是个怎样的人啊。

说真的，十年前我也认为买好车，对促进生意还是很关键。尤其在小城市，你会发现：还是有很多人通过看车来确认你的财力。当整个大环境都如此的时候，胳膊拧不过大腿。

小城市房价不高，又没有买多几套的价值，房子的金融属性差，而公共交通又不像大城市那般发达，没车就像没脚一样，这里停车位也不紧张，养车成本不算高……就这样，大家有点闲钱就去买车。而车价的多少，确实也是一个人“混得怎样”的直观体现。出去谈生意，别人到门口来迎你，指导你停车，就能看见你的“财力体现”。

在老家农村，很多年轻人赚钱后第一件事情就是买车，买了以后他们可能就出去打工了，那辆车就在家里供着。孩子上不起兴趣班、补习班没事儿，家里的房子、车一定要拿得出手。

在老家市区，一个人若是有四五百万存款，一定会先买一辆豪车招摇过市，他们以“整个小城只有少数几个人开得起这款车”为荣。人们还热衷于通过开豪车、穿名牌的方式来装点门面。很多人名下无房产，账户上也没几个钱，但一定要通过开（二手）豪车的方式，给自己脸上贴金。

你若是对这一套规则质疑，他们就拿出一副“过来人”的架势教你做人：“你没做过生意吧？你是不懂行，才说出这种话的吧？”在他们的逻辑里，“人靠衣装马靠鞍”，你若开个差车，别人会认为你没实力，然后，不跟你合作。

或许，在某些地方、某些行业，这套逻辑是成立的，但我发现：越是新兴行业，做生意越不需要靠豪车撑面子。

也许，豪车是名片上的一行字，但它起到的作用跟名牌表、名牌衣服、名牌包一样，极其有限。

决定你是否能获得客户青睐的，根本不是这些东西，而是你的专业能力以及你能为客户避免的麻烦、提供的价值。换而言之，别人看重的是你这个人，你能为别人提供什么资源，而不是你开什么车。

随着各行业、区域的壁垒被打破，跨区域经营的企业随处可见，很多人需要往全国乃至世界各地飞，真没有什么条件和机会刻意开着豪车去客户面前晃荡。

再者，谁知道你豪车是买来的、租来的，还是二手的？这年头，还把豪车当成做生意的敲门砖的人，确实已经很少了。生意伙伴想查清你真正的实力和底细，手段多了去了。就凭你开个豪车，他们就倾向于给你几千万甚至上亿的生意？未免把客户想得太简单。

生意场中，我们接触到的生意人明明也不都信奉“人靠衣装马靠鞍”这一套。

我自己就还蛮喜欢跟女性做生意的。她们一年挣个一百来万，就开个二三十万的经济适用型轿车。一年挣个几百万，也就开个五六十万的车……到底是自己辛苦挣来的钱，她们大多不会太挥霍，宁肯囤房也不囤车。

平日里，大家互相给对方寄点小礼物，时不时相约出去喝个茶，也能把生意关系维系好，无需相约一起大吃大喝，更不会一起去夜场找乐子。在某些事上，有拍板权的女性大多做人挺有格局，她们大多会追求双赢，而不会铆着劲儿只为把你比下去，以向男性当权者邀功。

当然，凡事不绝对，相信“人靠衣装马靠鞍”这个定律的，不分男女。有的人一年挣不到五十万，就开个一百来万的车。银行卡里只剩下三百块，也会把自己打扮成“有三十万积蓄”的样儿。也有的生意人，财不外露，他们宁肯养个私人司机＋经济实用的轿车，也不养豪车。

我一朋友刚做律师时，也信奉“开豪车容易搞定客户”的这一法则。年收入三四十万时，贷款买了个奔驰。可后来他发现，车这玩意儿的贴金效果太有限。

现在他不愁案源了，反倒把车和车位都给卖了，平时出行都坐专车。没别的，当你混到一定级别，你的时间会变得特别值钱，自己养车、开车太费时间。

在我看来，需要靠豪车装点门面并深信这一点的，说到底还是太自卑。

我也很想知道那些认为“开豪车容易拿单”的生意人，平日里接触的都是些啥生意人呢？你们真的从这些“从豪车评估你实力”的人身上赚到钱了吗？

对“穷而乍富之人”来说，车可能是显摆用的；但对有钱人来说，除非自己本身很喜欢玩车，不然它真的可能就是一代步工具。

前者“让人服务车”，后者“让车服务人”。

（二）幸福感不是来源于攀比

作为一个博主，我其实也不总是讨网友们喜欢的。比如，有一些被我拉黑了的网友，动不动就喜欢拿我的农民出身说事，试图证明我出身和血统低贱。

我很疑惑对方为何会有这种想法。谁的出身和血统高贵了？能高贵到哪儿去？

事实上，我苦日子过得，好日子也过得。找工作时，我住过 20 元一晚上的旅馆，被长途夜班车卖过“猪仔”（半夜三更到昆明后被赶下车），还在火车站广场席地睡过，穿过 9.9 元一件的 T 恤，连续吃过一个月的拉面和方便面。

现在，我再也不需要住便宜旅馆了，出门可以选择最舒适的行程了，买得起好一些的物品了，吃得起大餐了，但是，如遇到特殊情况，我多脏的厕所都进得，多差的环境都住得，多凑合的饭都吃得，多大的苦都还受得。

别人会掩鼻嫌弃的场合，我只当是寻常。比如，前段时间，我第一次叫了救护车，送我妈去医院。到了晚上十点半，我才想起自己没吃晚饭，然后，我就在急诊科病房内吃肉包子、盐焗鸡爪，旁边就有人躺在床上尿尿，远处还传来有人醉酒后呕吐的声音，可只要离我不近，我还是吃得旁若无人。

人能富贵最好，但如果富贵不了，出身差也是一种人生体验。这种体验，会让你在面对人生困境或顺境的时候充满弹性和延展性。

人这一辈子，最重要的不是你有什么东西傍身，而是你是怎样一个人，你创造出了什么东西和价值。我就是农民出身，但这怎么了嘛？这有什么好攀比的啊？

我不能理解其他人对奢侈品的狂热。不是“吃不到葡萄说葡萄酸”，是真的没法理解。因为我只有在看到自己感兴趣的事情时，会两眼发光，想倾尽所有得到它。比如，一套房子，一本书，一个演出，一次旅行，一个创业机会。

喜欢炫富的人，到了我跟前，估计真是对牛弹琴、没啥成就感，因为他们炫的东西，很有可能我压根儿不认识，我也不知道他们到底在炫个什么。

年轻时候出去相亲，一个男的把宝马车钥匙放在桌上，说“我一会儿用我的宝马车送你回家吧”。我那时候当然知道他说的宝马是什么，但还是故意问了一句：“宝马是什么马？”

还有一次，有个女的问我敢不敢跟她比一比谁名下的财产多，我直接说：“我认输，你是富婆。”

不是生活在同一维度的人，真的好难交流啊，连攀比都攀比不起来。

可是，我发现，生活中很大一类人，幸福感主要来源于攀比。

比赢了，高兴；比不赢，郁闷。

我有个男性朋友的老婆，老喜欢拿他们家跟我们家比，比经济条件。

每次聚会或碰面，她都要有意无意地探听我的资产状况。比如，有几套房子啊，房子买在哪里啊，是几房、多大的啊，住几个人呢，那里房价多少啊，房贷还欠多少啊，车位买了吗，贵吗，现在的积蓄让自己有安全感吗……

归根结底，我感觉是在比我跟她老公的收入水平，因为她家绝大多数收入都是她老公贡献的。比来比去，她发现他们家经济条件是比我好了那么一丢丢。言谈间，我还是能感觉到她在我面前产生了一点“还好，没被你超越，我还是比你好”的优越感。

这种优越感让我感到有点不舒服，后来我就很少跟她接触了。

我心想：你们家顶梁柱有两根，我家只有我一根，你干吗非得跟我比？不是我诅咒你们离婚，但万一哪天你们离婚了，财产一人分一半，那你们俩不也都比我差？大家都快四十来岁了，在古代半截身体都埋进黄土里了的，还比什么比？有劲吗？你把别人比下去了，自己的资产也不会增多啊。

我还有个好多年没联系的初中女同学，新近在一个群里发现了我，加了我。然后，我们俩开启了这样一席对话——

她说：“你现在在哪儿啊？结婚了吗？有小孩了吗？”

我说：“在广州。有小孩。”

“你是在广州打工吗？”

“是的。”

“你在那里买房了吗？”

“买了的。”

“我听说广州房价很贵，那你老公很有本事呀。你老公干吗的？”

“我没老公。”

“可你刚刚说有孩子，没老公怎么会有孩子呢？”

“离了。”

“哦，不好意思，房子是你老公离婚时分给你的吗？”

“……”

“你开什么车啊？”

“……”

我真的不知道这位女同学探听我这些信息，到底是为了什么。想想过去那些年，我比较不喜欢参加初中同学会、校友会的一个很大原因是：那个圈子里，依旧以“混得好坏”作为评判一个人的标准，而所谓的“混得好与坏”无非就是“有钱没钱”。

虽然我在这中间绝对不能算是差的，但那种拜高踩低的氛围，我是真不喜欢。你混得好，遭人不服气；你混得不好，遭人看不起……简直就是另外一个大型的应酬酒桌。

大学同学会、校友会，就好很多。早些时候，大家年轻点的时候，也会有点拜高踩低的氛围。但现在人到中年，大多数同学、校友会坐在一起缅怀曾经一起同窗过的时光。哪个同学、校友有难，大家有钱出钱、有力出力，互相援助。

我真的觉得把校友、同学当作是攀比的对象，是极其无聊的一件事情。校友、同学，不是互相帮忙、合作用的吗？你把别人比下去了，又怎样？你的利益增加了吗？但是，与校友、同学互相帮忙、合作，是真的能让你产生实实在在的利益的啊。这么简单的道理，想不通吗？

（三）真正强大的人，反而松弛

一个博主朋友无数次提醒过我，不要在网友面前袒露自己的脆弱、眼泪，袒露自己也有搞不定的事情、扛不住的时刻，这样，人家会轻慢你的。你会因为立不住自己的人设，少赚很多钱。

我说："真是这样吗？"

她回答："真是这样。"

我说："在网络上几乎每天都有人指点我的人生，你那边情况一样吗？"

对方回答："一言不合就骂我的人有，但跑来指点我人生的比较少。"

随后，她看着我说："你知道为什么他们更爱指点你么？"

我摇头说："不知道。"

她回答："人都是比较服气比自己更高阶的人，你在网络上活得太接地气了。孔子说过'近之则不逊'，所以你要学会跟关注你的粉丝保持点距离，在他们面前保持神秘感。"

我问："怎么保持？"

她是这么回答的：

就是不要过多谈自己的生活。即使谈，也要努力让他们感觉到"你比他们过得好很多"。人们都只爱攀附"人生赢家"，你太实诚了以后，人家会对你生出轻慢之心，可不就喜欢来指点你应该怎么生活了嘛？

为什么有些领导再平庸、再愚蠢，员工也不敢在他面前造次，不敢对他出言不逊？就是因为他在权力等级上高人一等。平日里开会啊吃饭啥的，人们都有一整套仪式来突出他这种高人一等的形象，于是，哪怕你心里再看不起他，面上还是要表示尊重的。

博主的形象，也是需要经营的。就拿我自己来说，其实我家底跟你差不多，甚至可能你经济条件还比我好一些，因为你买了房子而我没有，但是，我舍得投资自己啊。我只要拿着名牌包，穿着名牌衣服，把自己打扮得美美的，往他们面前一站，就足以让很多人认为我正过着他们跳起来都够不着的生活。

人性就那样，谁都不愿去指点自己羡慕的人。想做一个受欢迎的博主，有七分靠包装，你别跟大众传播学的规律对着干就行了。

她不是第一个跟我说这话的人，而且她说的这些道理我其实都懂，可我不想改。

高中时候，我们学过一篇英语课文，讲的是一个女记者假扮成一个穷困潦倒的妇人去一家餐厅用餐，别的女士都穿华服进去，就她用雨衣替代风衣，结果，她进店之后遭受到了各种冷遇。那节课，我学到了一个单词叫“raincoat”（雨衣）。

比起华贵的风衣，我宁愿穿这件雨衣，大抵是因为我是一个缺乏安全感的人。我希望自己能尽量活得真实一些，因为过度包装会让我觉得很累，潜意识里无比抵触别人给我化浓妆。我也希望自己在经历最深最寒的恶意后，能捡拾到那些经得起考验的、不怕火炼的真金般的心。潜意识里，我觉得这样得来的东西，会更踏实一些，能让我拥有得更久一些，哪怕，它让我的“得到”变得很少。

朋友又笑我，说：“这年头大家关注一个人，也就是看个热闹，不看你笑话算好的了。几年后，谁还记得你呢？你当然可以低调，但在‘博出位’的阶段你没资格低调。很多行业大佬、业内大咖可以低调，但你看看他们当年为了能被人看见，是怎么炒作自己的？你不需要太把别人当回事，把自己当回事就好了。”

我觉得她说的有道理，同时觉得我坚持的，也有道理。世间没有绝对的对和错，每个人都像是一株植物一样，依照自己的本性生活，就已经很好。

现在网上有一股争相炫富的风气，我是有点看不惯的，但有时候，我也会有点理解那些没实力也要强行打造“高富帅”“白富美”人设的网红。他们展示一个平常人都买不起的奢侈品，观众顿时就觉得对方很有实力，然后，他们就能赢得各种无脑追捧。

像我这样的，平时出门消费跟城市里的普通人一样，就很容易被鄙视。但我会为了这些人而改变我现在的消费习惯吗？哪怕我资产再翻一个倍，也绝对不会。

金钱如流沙，人生的尽头是虚空。跟周遭人在物质方面攀比，当真毫无意义。但我还是愿意多积累一些财富。一方面是希望自己老了以后还能过得相对有尊严一些，不会成为女儿的拖累和负担；另一方面是想多留给女儿一些，让她以后的人生过得稍微轻松一些。所以，我在乎的并不是金钱本身，而是爱、尊严和选择权。而金钱，是最通用的介质。

我就是一个既没有沉迷于攀比中无法自拔，也无法从世俗欲望中超脱出来的普通人。但我越来越确定一点：活得本真一点，是内耗最小的生活方式。而且，这很容易让你自洽，而自洽是幸福的基础。

以前我在甲级写字楼工作了十几年，办公环境高大上，没什么可挑剔的，但那时候，我就是一个螺丝钉，背靠着单位这棵大树，收获一点点虚弱的虚荣心。我清晰地知道：在那里，我身上的光环可能都是单位给的。我是单位的某某某，不是“某某某”本身。

现在，我搬进了办公环境很一般的商用公寓，心里却感觉很踏实。我不需要再靠“我就在哪个单位、哪栋楼上班”来彰显自己。我就是我，是颜色不一样的烟火。

年轻时候，怕别人看不起，我偶尔也会装一装。人一旦处于“状态不够松弛”的情境，就很难接受本真的自己，然后就很倾向于用矫饰、做作的方式掩饰自己的自卑和慌张。

现在人到中年，我发现：人强大起来以后，状态反而松弛，反而不做作。而不做作，是强者才能有的松弛感。

要达到“状态松弛”是很难的，你要先做到不怎么在乎那次机会、不怎么在乎周围的人怎么看你，你得牢牢地把对自我的评价标准握在自己手中而不是交给别人，所以，我们基本只能在很强大的人身上看到这种松弛感。

我也知道，活在这世界上，攀比是很难克服的。就连小朋友们在不经意间，也会攀比。大人教育孩子时，总喜欢跟孩子们说“不要攀比”，可其实，大人自己都克服不了攀比。

我觉得重点不在于“不要攀比”，而是“在面对攀比时，你该树立怎样的心态”。

大环境你是改变不了的，但你可以改变内心的小环境，实现自洽。这种自洽的能力，就是幸福力。

一个人，该咋样就咋样。为啥非要强立“高富帅”“白富美”“人生赢家”等公众期待的人设呢？是为了方便骗钱吗？咱们以真实面目面对别人，就那么难？

一定要通过装的方式面对别人，是因为接受不了真实的自己，是自己的

“内在”和“外界”无法达成和解。这样的人，真的很容易活得撕扯和分裂。别人看着别扭，自己也“装”得难受。

每个人可能都会有需要演戏的时刻，但整体来说，我觉得“装”是一件内耗特别大的事。若是装成了“表演型人格”，内耗就更重了。你大部分的时间花去迎合别人的目光，就很容易忘记探索和提升自己。而且，调起得太高，就很容易唱不下去，到头来尴尬的还是自己。

说到底，心虚才需要矫饰，自信的人大多坦坦荡荡。人们讨厌的，往往不是穷人、丑人、笨人、粗人、不完美的人，而是装富、装美、装聪明、装精致、假完美的人。

说得再难听点，我觉得：不能接受人生原本就是残破的，不能诚实地面对自己的内心，终其一生都在打造“人生赢家”的人设， 就是一种悟性障碍。

第三章

用犀利的眼光解读人性

第一节
“好女人”不一定有好婚姻

（一）爱情也有“食物链”

露珠小姐跟我发私信哭诉：“第三者比我差远了，不论长相、身材还是学历学识、经济条件、赚钱能力、为人处世能力样样不如我，为什么老公还被她迷得神魂颠倒？”

露珠小姐从小家境不错，父母感情很好，母亲知书达理，父亲经营一家中型公司。从重点大学毕业后，她去了一家国企工作，收入不低、工作稳定，还有时间去发展自己的业余爱好。

她是被宠大的孩子，但性情和顺、好相处，出生以来没经历过什么风浪，按部就班地上学、工作，遇到两厢情愿、门当户对的人，然后结婚、生子。

结婚时，男方家已经准备好了将近两百平方米的婚房，她父亲一出手就是送一套房子和一辆豪车。

婚礼办得豪华盛大，观礼的人几乎都在感慨“王子和公主终于幸福地生活在一起了”。

结婚后，她每天下班按时回家，把家里收拾得干净整洁，没事儿就学学烹饪、烘焙、花艺，在家里搞点情调。

她从来没想过自己的人生会出什么岔子，直到婚后两年，老公辞职去创业，再后来赚到了些钱，认识了些狐朋狗友，接着出了轨。

最令她崩溃的是，老公出轨的对象是要啥没啥、啥都比不上她的足疗城“小妹”。

小妹来自农村，家境很一般，父亲还有点残疾，学历大专，长相、身材一般，一副发育不良的样子，性情泼辣。跟她老公好上之后，小妹直接对她老公下了通牒：“要么离婚，要么分手。”

大多数男人遇到这种情况，定然鞋底抹油、溜之大吉。很多男人一想到离婚自己会面临着财产、名声、社会地位等损失，定然会痛哭流涕跑去跟妻子道歉、祈求妻子的原谅，可她老公不，他被小妹吃得死死的，回来就跟她提离婚。

到这份上，她也愿意离，但她死活想不通一个问题：为什么她老公放着她这样优秀的老婆不要，偏偏要去瞎折腾？折腾也就罢了，为什么会去找那样一个处处不如自己的女人？

她跑来问我。我只能回答她：“你那么好，对他那么好，可他还是不爱你，能有什么办法？你条件好，并不是你被爱的必要条件。这世界上，你唯独没办法跟寿命和爱情这两个东西讲公平、讲道理。”

这世界上，每个人每天都只能拥有二十四个小时，非常公平；但是，有人很长寿，有人很短命，又很不公平。爱情也是一样的。它的公平之处在于：每个人都可能被爱，也有可能不被爱。它的不公平之处又在于：你再优秀，也有人不爱你；你再差劲，可能也会有人爱你。

这么一想，再纠结他为什么爱上啥都不如自己的人，似乎也就没有什么意义了。你再好、对他再好，可他就是不爱你、只爱她，你能奈他何？

想通了这一点之后，再面对那些头也不回离开你的伴侣，就知道自己该怎么做了。就拿露珠小姐来说，她只需要把给出去的真心、真情收回来，让丈夫把该留下的钱留下，然后让他离开就行了。

我把露珠小姐的故事讲给朋友，朋友也给我讲了她的一位前男同事的故事。

这位男同事为人非常勤俭、顾家，却爱上了一个很爱花钱的姑娘，而他也很舍得给她花钱。

工作几年，他几乎就没攒下什么积蓄，因为女友实在太爱花钱了。别人花钱如流水，而她花钱似雪崩。每个月他工资刚发下来，就被女友拿去买了衣服、包、化妆品。

有一次，女方还劈腿了，跟一个她认为的有钱人。处了两三个月，她发现人家是“装有钱”，不是“真有钱”，又回到他身边。

他虽然痛苦，但还是接纳了她。身边人都为他抱不平，老劝他跟女方分手。可他非但没有分手，还在女方怀孕后，与之奉子成婚。

两人结婚生子后，大部分时间也是他和他妈妈做家务、带孩子。女方婚后还很喜欢出去玩，花钱依旧大手大脚。

朋友问：“为何好男人总遇到坏女人，好女人却总被坏男人辜负？”

我说，你这种感慨，古人早就总结过了，所以，民间流传下来一句“好汉无好妻，懒汉娶花枝”，还有一句“骏马常驮痴汉走，巧妇常伴愚夫眠”。我们只能说，爱情链也是一个生态链、食物链。大鱼吃小鱼，小鱼吃虾米。总有一方要负责“吃”，另一方负责“被吃”。

现实生活中，确实有很多好男人娶了坏女人，很多好女人嫁了坏男人。坏男人坏女人的搭配是很少的，他们似乎很懂得留意避开彼此。好男人遇上好女人的概率也有，但彼此若能遇上，多多少少有老天眷顾的成分。

一个显而易见的事实是：贤惠女和贤惠男，基本上是不可能遇见的，因为二者没有互补性。

一个“付出型人格”，只有找到另一个“接受型人格”，这游戏才能玩得下去。

“付出型人格”的快乐在于自己的付出有人受领，而“接受型人格”能心安理得地受领这些，还能给对方作出正面反馈。换而言之，婚姻也是一场游戏，发奖的人要找到领奖的人。

就拿我自己来说，我在某些方面是很有“付出型人格”的。

如果我从外地回来，男人提出来开车去机场接我，我会觉得：天哪，他平时工作已经够累了，这一来一回又要耽搁两小时，而且开车也挺累的，我可以自己打车或是坐地铁回家，这样能让家庭利益（包括经济利益、家庭人力资源）实现最大化的配置。我帮家庭节省下来的金钱、人力资源，可以用到更紧要的地方去。

然后，我可能就会回绝男人的这种好意。

但是，这世界上还有另外一种操作就是接受这种好意并回复：“亲爱的，我知道你来机场接我一趟可能会很累，但我一想到我能在第一时间见到你，就很期待。”男人接到自己之后，你再来一句：“亲爱的，我就知道你最爱我了，我也爱你。”

这类女人会引导男人为自己付出，而自己付出的只是一两句甜蜜的话。而像我这种“只会用行动表示”的女人，付出的是在机场拎着行李箱上下地铁或是排队等出租车，回到家里看到男人的时间、精力和金钱被省下来了，心里有种“我在付出”的快感。但是，很有可能我让男人感受到的是——我对你好，你居然拒绝；你的拒绝，让我觉得是我考虑问题、筹划家庭资源不周全。

但你说我会改吗？不会。嘴甜是不可能嘴甜的，这辈子都不可能嘴甜的。我认为，倘若我遇上的是一个懂得珍惜我的男人，是一个能跟我一起开疆拓土而不是只专注于自己那一亩三分地的享受的男人，我所谓的“毛病”就不会是多大的问题。我想对你好，就是要用行动表示。

这种思维，确实很“爷”啊。一山不能容二虎，一家不能容俩爷。那就只能离了，离了我也可以自成宇宙。

（二）婚姻有时候是“贤妻”的坟墓

婚姻不是爱情的坟墓，好的爱情反而在婚姻里历久弥坚。但婚姻有时候确实是某一类贤妻良母的坟墓，还是直接能把她活埋的那种。

民国时期也有好多贤妻良母，她们嫁定一个男人就为他虽死无悔。曹禺的原配夫人郑秀便是如此。

曹禺原名万家宝，出生在天津一个没落的地主家庭，他父亲曾是黎元洪的秘书。他出生后三天，亲生母亲就去世了，母亲的孪生妹妹薛氏成了他父亲的填房。19 岁时，曹禺的父亲突发中风去世，而他当时还在清华学戏剧创作。

曹禺在大学里组织话剧演出时，认识了国民党高官之女郑秀，并创作出了他一生中最有分量的代表作《雷雨》，反响惊人。之后，他又创作出了著名话剧《日出》，一时红透天。这时候，他才 25 岁。

27 岁时的曹禺，终于有了登门拜访担任国民政府最高检察长的岳父郑烈，求娶郑家千金郑秀的底气。1937 年，曹禺跟郑秀结婚。当时抗战已全面爆发，两人只好四处逃难，去到了四川。当年的富家女郑秀，顿时沦为在家照顾两个女儿、成日抱怨的家庭主妇。而曹禺则不怎么能体谅妻子的辛苦，只抱怨郑秀在自己创作的时候打扰他，催他早点休息。

后来，曹禺认识了一个名叫方瑞的女学生，然后，妻子还在孕期呢，他就出轨了，还想跟妻子离婚。郑秀拒绝离婚，曹禺就两头跑，还跟方瑞生了两个孩子。

新中国成立前，郑秀的父亲都给她和孩子办好了去台湾的机票，但郑秀不肯走，郑父只好骗她说曹禺也会去，结果她都带着孩子上飞机了，发现曹禺没来，又下了飞机。为了丈夫，她抛弃了双目近乎失明的父亲，从此与父亲再没见过面。

新中国成立后，新婚姻法颁布，一个丈夫只能有一个妻子，曹禺果断选择了方瑞。郑秀不肯离婚，曹禺竟然选择去法院起诉离婚，后来此事惊动了组织，组织派人出面才说动郑秀离婚。可是，后面曹禺被批判，而方瑞也因此得了心病，靠安眠药才能入睡，后来干脆服药自杀。为了保护曹禺，郑秀忍痛把当年曹禺写给她的三百封情书烧毁了。

郑秀原本以为，等方瑞死后，曹禺就会跟她在一起。两人的儿女也大了，撮合他们，但是，曹禺转头就娶了新认识的李玉茹。

郑秀深受打击，临终前还想要见曹禺一面，可曹禺一直没有出现。而当年，曹禺为了把她追到手，曾经用绝食的方式逼她心软。

一直以来，感情世界都有一个误区：你对一个人越好，那个人就越爱你。可事实不完全是这样的。很有可能，你越是对一个人好，那个人越是厌恶你。

早些年，我认识一个女性朋友，对她男友好到我都看不下去的地步。

那时候，两个人两地分居，但每次都是她转几趟公交车去找男友，还提前给男友煲好汤，一路在怀里捂着过去。而她男友只需要坐在家里边打游戏边等她送汤上门。

有时候，她去到他的城市，突然遇到瓢泼大雨，她都不舍得让男友去车站给她送把伞。

她认为，只要在“对男友好”的这件事情上，其他女人都赶不上她，那么，男友就会永远爱她、记得她的好。结果呢？她男友最后劈腿了单位女同事，给人嘘寒问暖去了。

你可以对一个人好，但不能无下限地惯着他们。你越是惯着一个人，对方搞不好越不把你当回事。你越是倒贴，越会让对方觉得你廉价。

不是你对人家好，人家就一定会爱你。而是你越有价值，且你提供的价值是对方需要的，对方才有可能珍惜你。

婚姻这种事吧，当事人是否感觉幸福，不是取决于双方是不是都是好人，而是取决于双方的供需是否匹配。

（三）所有不断裂的关系，都有我们看不见的平衡

给我发私信的离异女网友中，有好大一部分当真是遇人不淑。可是，探寻这些所谓的“好女人”的特点，我们不难发现：至少在择偶的那个时间段，这类女人通常存在点“讨好型人格”和“过度负责和付出”的毛病，所以，她

们是很愿意“吃”男方给出的那一套的。

“好女人”是吃过“好”的甜头的，她们希望能通过“好”的形式获得周围人的认可，所以她们也习惯了自我压抑。

在青春叛逆期，她们不敢叛逆；成年以后，她们有补上这一课的需求。

当好女人遇上包装成好男人的坏男人，就很容易被他们张扬而我行我素的个性所吸引，因为对方我行我素的那部分特质，正好是自己所期望的。

确切地说，她可能爱上的，并不是那个坏男人，而是被压抑了的另外一个自己，那个想活得舒展一些的自己。

就拿我一个朋友来说，在遇上她前夫之前，她的感情经历简单，为人又有点害羞，不大会跟男人打交道。

她前夫追求她时，用的是死缠烂打的招数，她哪里经受过这种纠缠，很快就被俘获了。前夫的放松和嬉皮笑脸，确实也能带给她快乐。

被前夫追到手后，她开始当起了贤妻良母。她答应他的同居要求，给他洗衣服、做饭，节衣缩食给男友买心爱的游戏装备。

她的贤惠，深得男方父母的心，因此，两人很快结婚了。婚后，男方很快就出轨了。

她想不明白，为什么自己对他那么好，可他还是要出轨？

我告诉她，也许“好女人”的体质比较容易招惹坏男人吧。

说真的，给这类“好女人”安排一个老实“好男人”，她们未必真吃得消的。本身自己就是个老实女人，再来个老实男人，这日子得怎么过？

曾经，我在网络上看过这样一个调查：花心和无趣，你更能忍受哪个？

我的答案是：我都不能忍，但如果非要我选一个忍一小时，不选就得死，那我还是选花心吧。

想想也是啊，跟一个无趣的人生活在一起，是有些可怕。

他们可能人品不错，为人老实，不做任何违法违德的事，当然也不会伤害你，但是，他们极其无趣，无趣到毫无生气。你会觉得，自己在跟一具僵尸说话、交流。你会觉得，连智能机器人都比他们灵动、可爱一些。你会觉得，这种人活在这个世界上，就是浪费粮食。

人人都想找一个既专一又有趣的人，但不是每个人都有这种运气的嘛。

某一类“好女人”在“老实好男人”和“有趣男人”之间选了后者，但不巧遇上有趣男人比较花心，那不就给大家造成了“好女人总是被坏男人辜负”的印象了嘛。

可说到底，坏男人不也是自己选的？在当时当下，人家身上的某个点，可能刚好契合了你的内在需求而已。

人们在寻找另一半时，总期望能把自己缺少的那部分从另外一半那里补回来。

“好男人”和“好女人”缺少的，或许正是那种任性妄为的勇气。

很多“好男人”和“好女人”看似传统，骨子里却带有一些叛逆，他们往往会找那些能够给自己带来刺激的人，大多也比较愿意去追求收服这类人的满足感。

电影《致青春》里的阮莞，也近乎完美，可偏生遇上了软弱的赵世永。男友劈腿了，还搞大了别的女孩的肚子，她居然跑去善后。跟男友分手后，她都要结婚了，可男友一个电话，就使得她甘心去赴约，最终遭遇车祸，香消玉殒。

阮莞的成熟、冷静、善良和包容孵育了赵世永的软弱。面对爱情，她敢于付出，可最终得到的是赵世永无止境的索求。

“过度付出”的人，吸引来的必定是“过度索取”的人。就像是暴露了伤口、散发出血腥味的森林里的小动物，一定会吸引来嗜血的老虎、狮子和狼一样。

人家就好那一口，而你刚好就有那一口。这样的话，需求和供给可不就匹配上了嘛。

明白了这一点之后，我再也不劝那些一边喊着“好痛苦”一边又坚持不离开伴侣的人了。我们替人家觉得不值、不般配，说不定人家“痛并快乐着”呢?

婚姻是一道布帘子，外人看到的只是映在布帘子上的影影绰绰，只有当事人知道帘子背后发生着什么。

外人看到的平衡，和当事人自己感受到的平衡，是完全不一样的。

而所有的关系，想要维系下去，靠的就是平衡。

一失衡，不用劝，必散伙。

第二节
婚姻很难始于功利，终于幸福

（一）功利型婚姻，只是看起来幸福

好久以前，好友蓝黛写过这样一个故事：

一个在一线城市里打拼得很辛苦的女孩，某天偶遇了自己的初中男同学，一个过去追求过她但她根本看不上眼的胖子。

胖子依然胖，气质也不清爽，可如今却开了一辆豪车。有了豪车的加持，女孩眼里的胖子顿时变成了“成功人士”。

胖子请女孩吃饭，随后两人还一起去看了电影，女孩自始至终没问过胖子现在从事什么职业，却开始想象自己跟他结婚以后的情形，并不断自我说服“胖子虽然身材胖了点，但人挺好的”。

后来，女孩才发现，胖子不过就是一个富豪的司机。她恼羞成怒，顿时觉得胖子昔日的言行举止猥琐到了极点。

这真是一场难言的误会。胖子还是那个胖子，但在那段短暂的时光里，他在女孩心里完成了从“王子”到“癞蛤蟆”的演变。胖子开的那辆豪车，便是女孩看胖子的“滤镜”。

现实生活中，很多人在择偶时，功利性需求占比比较大，情感性需求反而靠边站。

结婚双方往往是强强联合、共享资源、优势互补，人们太过看重那些附着在伴侣身上的“优势”，却很少关注伴侣是否足够“优秀”，很少探寻自己所选中的人是否真适合自己。

我一个朋友的姐姐，择偶时就是把功利性需求放在第一位。她择偶，只看两点：第一，那个男人本身品行如何（会不会害她）；第二，那个男人能不能帮到自己（能不能帮到她）。

我那时候出去相亲，主要看“有没有爱情的感觉”，并以“没感觉”为由拒绝掉了某个高管的儿子。她听说了，批评了我一顿，原话是：“你傻啊，跟他好的话，他爸能给你的事业提供很多助力啊。人家也是看好你，才把自己儿子介绍给你。你放着条件这么好的人家不要，追求什么虚无缥缈的感觉？感觉是什么东西，能当饭吃吗？”

年轻时候，我很“恋爱脑”。择偶只看有没有感觉，结果感觉来感觉去，一段都没成。爱情，很多时候就是荷尔蒙和催产素催生的产物，不一定虚无，但它一定很缥缈。一旦跟现实短兵相接，很多爱情不堪一击。

这位姐姐呢，则一直在功利性择偶的路上狂奔，后来果真嫁了一个长相一般但家境不错的老公。借助婆家的关系网，她在事业上也高歌猛进，年纪轻轻就当上了高管。

十几年过去，我们再见面。我问她，当初你为啥会做那样的选择呢？她回答：“爱情是靠不住的，但事业永远是你自己的。”

而我，也是在很久以后，才知道她在外面有情人，情人能给她带来“爱情的感觉”。所以，我认为她的这段婚姻并不圆满和幸福，否则她也不会偷偷出轨。既然出轨了，这段婚姻里就是埋着地雷的，只是看这地雷什么时候会爆。

她这种择偶观，或许也能给那些在婚姻中过得痛苦的女性提供一个看待自己婚姻的视角：我们结婚，是为了能让自己感到幸福，而不是奔着“做完善别人幸福的工具”去的。

但我无法完全认同她如此功利的择偶观。没有感情基础的婚姻是糟糕的，单纯为了结婚而结婚或为了获得对方家庭资源而结婚，不会让我们拥有真正的幸福。

（二）“娶妻娶德，纳妾纳色”是很有问题的

我一个朋友的老公有天突然跟她说：“老婆，你真贤惠，特别适合做老婆。”

这个朋友正色回答：“你知不知道，说一个女人‘适合做妻子’简直对她是一种羞辱，要么就是长得丑，要么就是做苦力的命。我就是我自己，我希望你是因为爱我而娶我，而不是因为我适合做老婆而娶我。”

一个男人若是突然认真地对一个女人说出“你适合做老婆”这话，我总觉得女人需要生起点警惕心，因为他的心思不一定单纯，搞不好他只是把你当成一个“备胎”。不然，他为何不说“你适合做我老婆”或是“你适合我”呢？

“适合做老婆”和“适合做我的老婆”之间，可是差了十万八千里。任何

一个人，首先是他自己，才是别的什么身份呀。

很多男人在择偶时，也有两套择偶系统：分别是“适合恋爱”和“适合结婚”的。

曾经，我也把“你很适合做老婆”这句话当成对女人的夸奖，可后来，越想这句话越觉得不对劲。

什么叫“适合做老婆”？无非是能满足男人对老婆的功用需求。

在一些男人的心里，你是不是有魅力、有才华、有个性这都不重要。他选择你，不是因为喜欢你、欣赏你、发自内心想和你在一起，而是你身上拥有的东西，能满足他的需要。

“适合做老婆”的女人，一般是怎样的呢？最好是做家务能力强，勤俭节约不浪费钱，工作稳定照顾家庭方便，最好懂得伺候男人且孝顺男方父母。

前些年，网络上还流行一些关于“什么样的女人最适合当老婆”的标准，无非是爱干净、爱收拾、孝顺父母、有礼貌、会厨艺、喜欢家居生活、不浪费。

这些标准，看起来是嘉奖女性，但你若细看内容，就发现它无一不对应一套“双重标准”。

女人爱干净、爱收拾，家里总是光洁如新、一尘不染，那就不用男人自己动手打扫了。女生若是对自己的父母很孝顺，说明她这个人很心善，自然就不会亏待了公婆。

你看，强调这一点最重要的目的还是要女方孝顺自己的父母，也不考虑自己在其中要起到怎样的作用，不考虑婆媳相处也要“投桃报李”，不考虑人和人之间的感情是相互的。

为何要求女人有礼貌呢？因为“一张小嘴能哄得长辈开心，能让别人称赞，印象好，让男人赚足了面子，而且讲礼貌的女人通常都讲道理，不会让男人头疼”。

会点厨艺，指向就更明显了。两个人结婚后，总不能天天下馆子吧？贵，又不卫生，不健康。总得有人要做饭对吧？那当然是老婆来了。因此，适合当老婆的女人，必须要会点厨艺。

喜欢居家生活，说到底就是宅，把大部分时间贡献在家里，少出去玩，少把时间、精力花在事业上、社交上。

勤俭持家不浪费，主要是考虑男人的钱包承受力。工薪阶层养不起金丝雀，一个女人若是太败家，自己的收入全拿去买了包，不给家庭做贡献怎么行。

我承认，爱干净、爱收拾、孝顺父母、有礼貌、会厨艺、喜欢家居生活、不浪费等“适合做老婆的女人”的标准，其实应该是做“人”的标准，不论男人女人，都应该有这些追求。

但是，单把它拎出来约束女性，并且将其视为“适合做老婆的女人”的标准，就显得无比违和了。

为何男性对自己就没有这样的要求呢？难道男性结婚后就可以不爱干净、不爱收拾、不懂礼貌、不会厨艺、浪费钱、不热爱家居生活了吗？

如果你真的爱一个女人并且愿意娶她为妻，为何非要强调她有多适合做老婆，而不是直接告诉她“我爱你，想和你在一起”呢？

“适合做老婆”，有时候还对应另外一层意思：适合谈恋爱，适合玩玩，适合做情人。

在这类男人眼里，女人可按功用分成不同的类型。

古代也有这样一句话：娶妻娶德，纳妾纳色。

妻子是干吗用的？她要拿得出手，所以出身要好、气质要高贵；她要能跟自己同甘共苦，不会因为自己没钱了就跑掉，所以，她要守妇道；她是家里的“二当家的”，所以要有才能，要有气魄和心量，要容得下莺莺燕燕。这样一来，妻子是否有美貌不重要，最重要的是要有德行。

妾呢？逢苦必退，逢难必走，逢败必匿。她们以身体为本钱，终日供自己取乐，是解乏用的，因此，她必须要有色相美，要懂得花言巧语。

千百年来的男权社会培育了男人妻妾成群的梦想，因此，“你适合做老婆”这话，有时候当真类似于是“别人适合做妾”了。只不过，他们如今换了一种更现代化的表述：“你只适合结婚（不适合谈恋爱）。”

我觉得“娶妻娶德不娶色”这句话其实也是很有问题的。德，是现实需要；而色（性魅力），却可以让两个人的关系更长久。色，不能让两个感情不好的人变好，但却让两个感情还可以的男女关系变得更好。

“德色不能两全”的情况下，娶“德”是最实惠的，可一旦有条件，人们必然要通过别的途径把“色”补回来。国人之所以把“德”“能”这么实惠的东西放在前，主要还是因为“穷怕了”。

比如，金庸小说《书剑恩仇录》的读者，大多希望陈家洛选择更勇敢、更实用的霍青桐，而不是选择“绣花枕头”香香公主，何尝不是“穷怕了”呢？这种“穷”，不一定是经济层面的穷，还有可能是精力、资源层面的。

可感情的事情，谁能讲得通呢？ 多少现实生活中的“高富帅”，眼前明明站着一个面相端庄、聪慧能干、豁达坚韧的姑娘，可他就是不喜欢，偏偏喜欢另一个温柔美丽、天真单纯甚至矫情任性的“蛇精脸”。

这时候落选的姑娘就开始纠结了：我到底是哪做得不好了？

其实完全没有必要。

男人如果喜欢一个女人，什么都不是借口；如果不是真的满意，什么都可以是错。

我一个朋友怀孕后，她的老公就再没碰过她。这样的无性婚姻过了三年后，孩子两周岁时她才发现了丈夫出轨。离婚之后，她又用了整整三年的时间才走了出来。

有一天她跟我说："你知道我最终是如何大彻大悟放下的吗？"

没等我问，她继续回答："我看到了第三者的照片，她的确比我年轻、比我漂亮，那一刻，我忽然明白这样一个道理，天天反省自己没用，自我找补说我比第三者贤惠、能干也没用。一个人想天天亲吻谁、拥抱谁，他就想跟谁在一起。"

我知道这当然只是她的自我宽慰，但不得不说她说的也有几分道理。

如果在择偶的时候，是基于现实利益而和对方在一起的，不管按世俗标准或旁人眼光，两个人看起来多天造地设，但倘若内心并不喜欢对方、身体上排斥对方，这种关系就不可能长久。

在经营感情、处理感情问题时，我们当然是要听从理性，用"理性"而不是"感觉"去处理问题。遇到分歧，先过一遍脑子，尽量学会控制住自己的本能情绪，以冷静、理智的方式去面对一切。

但是，在情感上，在做选择的时候，除了考虑现实利益，我们还要听从内心和感性。你喜欢一个人，会不由自主地想靠近他甚至拥抱、亲吻他，生理性喜欢也很重要。

真心希望每一个姑娘遇到的男人，都是因为他真心喜欢你而跟你结婚，而不是因为你“适合做老婆”而娶你。而一个女性想要结婚生子，是因为遇到了那个想让自己心甘情愿跟他结婚生子的人，而不是因为年纪到了或那个人适合做老公。

（三）放下功利，建立真实温暖的关系

以前，我挺想不明白为何贾宝玉真爱林黛玉，而对薛宝钗只保有一般的欣赏。现在，我明白了。

宝钗世故圆滑、中庸求贵，但真正要跟她过一辈子，估计也挺无趣的。

贾宝玉为什么会真爱林黛玉？因为他跟林黛玉的精神气质太相近了，薛宝钗情商再高，也是难以撼动宝黛恋分毫。

比如，宝玉挨打这一章节，宝钗和黛玉都去探视，但二者的差别大了去了。

宝钗见宝玉，送的是药。

你想啊，宝玉出身锦绣之地、膏粱之家，断然不可能缺医少药的，宝钗不会不明白这一点，所以她送药是假，关心是真，只是为了避免自己关心得太明显，所以拿了一盒药作为幌子。

进场时，宝钗的动作很奇怪：她“手里托着一丸药走进来”，小小一丸药，为什么不是“拿”着“握”着也不是“攥”着，一定要“托”着呢？

宝钗的意图动机很明显，是让大家都看得到她对宝玉有实实在在的关心。

这种既想让众人知道又不显得自己太上赶着的小心理，从这几个细节可以体现出来。她到底还是更爱自己，所以很在意自己在别人眼中是怎样。

见到屁股被打得稀巴烂的宝玉，宝钗也说出了“看着心疼”之语，但此时她仍不忘劝宝玉走仕途之路。对于宝玉的任何出格之事，她都很警醒。她骨子里认为，宝玉挨打是对的。

黛玉则不然，黛玉去看宝玉，毫不避嫌地啥也没带，毫不避讳地把眼睛哭成了肿桃子，却又担心宝玉看了心疼。她发乎情，起乎意，赤裸裸表达对宝玉这个大观园里的“香饽饽”的心疼之意。

宝玉的价值观与黛玉完全相同，宝玉在她心里是怎样的一个人她也心里有数，她劝宝玉“你从此可都改了罢”，不过只是为宝玉以后的安危着想，心里丝毫不觉得贾政打宝玉打得有多正确。

宝钗对宝玉的好，是嘴上、行动上实实在在的好。黛玉对宝玉的好，则显得飘渺许多，除了心疼得大哭，她好像什么也没做。

早些年，我觉得宝钗这样的爱才“有用”，可现在，却觉得黛玉这样全身心的“感同身受”更为难得。

宝钗再“有用”，可她不懂你，终究有些无趣。真正的爱，指向的永远不是对自己有用的人，而是与自己情投意合的人。

当然，这一切只是我这个俗人的解读。在曹公眼里，钗黛本是一体的。两个人的判词是同一首：“玉带林中挂，金簪雪里埋。”

我们很多人喜钗厌黛，反映出来的不过是一种极其功利的婚恋观：“他对我有大用，所以我和他成婚。”这是大部分人的选择，很少有人想“我跟他情投意合，所以要努力在一起”。

想来也是啊，“易求无价宝，难得有情郎”这话，得在“求得无价宝”之后才有资格说。若是生活贫困交加，肚子都吃不饱，什么情啊爱啊的，必须要让位于功利性需求的。

越是独立的人，越不依赖伴侣解救自己于水火之中，不期待伴侣对自己有多大的效用，比如，不会把伴侣视为提款机、免费保姆。他们在乎的只是“和对方在一起，我是不是满意欢喜”。

物质贫乏的时候，依赖于别人改善自己生活的时候，拿出实在的行动送药的宝钗，定然大受欢迎。当你真正实现了独立，且不愿意物化他人的话，可能还是空手迟来、满面泪光的林妹妹更能打动你心。

婚姻不能只有爱情，但没有爱情的婚姻也是不坚实的。缺乏用心、用灵魂回应的情爱关系，终究是走不长久的。我们说感情就是“一物降一物”，这种“降”，说的便是灵魂深处的共振，是你来我往的势均力敌，是棋逢对手、其乐无穷。

当劫难、变故、考验来临，那些有真感情的夫妻，即便双双被打入低谷，也能携手走过那些艰难困苦，并且在共同对抗命运洪流的过程中，结成了更加深厚的感情。即便最终没法扛过去，但只要想起对方从不曾放开自己的手，心里也是温暖的、快慰的，觉得不虚此生。

这就是真情实意驱动下的相濡以沫。双方在这段关系里都会感到：我在这段关系里是安全的、是被爱的，是被支持着的。我不只对伴侣有价值，还可以在这段关系里活出真实的自己，让伴侣因为有我的陪伴而拥有更美好的人生体验。

而为了各式各样现实利益勉强结合在一起的夫妻，遇到考验往往会“大难临头各自飞”。只要利益消亡，婚姻里留给他们的将是一片冰冷的残垣断壁和一地千疮百孔的虚幻和苍凉。

第三节
不做“浪子终结者”

（一）“浪子回头”的故事，我总是不看好

一个姑娘给我讲了一段故事，剧情是老掉牙的“丈夫出轨了”，却写得字字啼血。

“我和孩子爸爸自由恋爱，一起走过了十几个春秋，孩子也将近八岁了，我们也有了一定的物质基础。就在我觉得生活非常圆满的时候，平地一声雷，我发现丈夫出轨了一个女下属，而且发现了他经常跟客户一起去嫖娼的事实。一开始，他撒谎遮掩，后来承认自己做过火了，膨胀了，错了。看我暂时没拿出证据，他又一一否认，直到我把铁证砸在脸上，他才开始讲些实话，承认自己错了，禽兽不如，愿意接受任何处罚，并在行动上改过自新，只要不离婚。我现在只是纠结，要不要原谅他这一次，但我绝对接受不了下一次出轨。”

坦白说，收到私信的时候，我觉得这姑娘的逻辑思维能力、表达能力都非常赞。我甚至坚信：不管她做哪种选择，她都有能耐把自己未来的日子过得非常好。

别人的生活和感情，我毕竟不了解，仅凭这些只言片语我也无法了解整个事情的来龙去脉，所以不好给她怎样的建议，而且似乎她已经有了自己的答案，我的作用不过是作为一个倾听者，听完这段并不新鲜的新鲜事儿吧。

反正，不管她做怎样的选择，我都祝福她。

我只回复了一句话："如果他表现得那么好，如果你自己也能克服心理障碍的话，确实可以好好享受下他浪子回头的样子，待他打回原形时再一脚踢飞，也好给自己一个心理缓冲期。"

只是，坦白说，对于这类"浪子回头"的故事，我总是不看好。

如果一个男人一直对你很好，对孩子、老人也都照顾得很好，而且你确实想原谅、能原谅，并且自信你们两个人经历这一次事件之后依然可以过得幸福的话，确实可以原谅。毕竟，没人能保证自己能抵挡得了别人的诱惑，一时鬼迷心窍也是有的。但是，这个男人之前就对你不好，对家庭也不负责任，被发现出轨时死不承认，抓到实锤之后忽然来了个一百八十度大转变……换我，不得不留个心眼。

真不是见不得人好，我只是觉得：两个人相处，到最后都是和对方的本性相处的。为了达到某种目的，不惜压抑自己的本性，这种佯装能维持多久呢？搞不好压抑久了，未来只会爆发得更惊人罢了。

一个在东窗事发前能把戏演得那么好的人，内心对你是封闭的，他是拒绝和你进行心灵的沟通和链接的。换而言之，或许他并不具备和你一起解决问题、面对生活的惊涛骇浪的能力。

对方在选择欺骗的那一刻，就没有再把你当成他的命运共同体，当成那个跟他同呼吸、共命运，以及共同对抗命运的残酷和生而为人的孤独的人。

他需要的，只是有个女人帮他维持家庭的表象就可以。

换而言之，你们连朋友都已经不是了，又如何能成为亲密的伴侣？

我身边那些原谅了出轨丈夫的姑娘，最终的最终还是离了婚。

最近的一个例子，就来自我的朋友：她老公嫖娼被抓，她大着肚子去派出所把他领了回来。她当警察的朋友忍不住告诉她说，她老公是惯犯了。她很痛苦，但最终还是原谅了她，当然，代价是得了抑郁症。

我不评价她的选择，只是感到有点无奈，因为这社会好像很难不去歧视一个离婚带娃女性。也正是因为这种现象的存在，所以女性遇到这种事之后才会显得无比纠结。

（二）“浪子回头金不换”是因为“真回头”的概率小

这年头，中年女性的情路若是没有经历过一点坎坷，都不好意思出来谈人生了，于是，“丈夫出轨后原谅不原谅”“要不要相信浪子回头”也成为当今女性最纠结的一大问题之一。

每次遇到这种事情，都有七大姑八大姨跑来告诫女性：“婚姻生活本来就会遇到坎坷的，你离了这个，再找下一个，就能保证他老实吗？这件事情既然发生了，他也承认自己错了，你就不要太钻牛角尖了。再说了，一个巴掌拍不响嘛，一个人会出轨是因为自身需求得不到满足，在过去的婚姻生活中你肯定也有错才会导致他出轨。你一个女人，要学会示弱、宽容，才能经营好婚姻。夫妻之间，若是太在乎对与错，赢与输，感情就没了。浪子回头金不换。”

可是，浪子回头果真“金不换”吗？

浪子为什么会回头呢？在他真诚地说“要痛改前非”的时候，心里到底在想什么？最大可能只是他慌了，怕了。

他们为什么会道歉？为什么会表态自己不会再犯？我更倾向于这只是他们的一个策略。

在之前，家对于这个男人来说，就是个休憩的港湾。家里那个女人的诉求、痛苦、眼泪，他看不到，也不想看到。他只关注一点：当他暂时身心疲惫时，有没有一个叫“家”的避风所，有没有一个叫“妻子”的人给他带来安全感和归属感。

你让他们发自内心地看到你的不容易、体谅到你的痛苦、疼惜你的付出……这比登天还难。如果当初他们能有这种同理心和共情力，他也不会迈出那一步。

浪子为什么突然会“痛改前非”？一个很大的原因是：他们意识到，眼前的状况对自己不大有利，而扮演“回头浪子”的角色，可以帮助他们得到更多的好处。

我认识的某个姐姐的前男友，到了四十岁才终于“浪子回头”，回到家里跟老婆过安生日子。不是因为他变懂事了，而是属于他的时代已经彻底过去，他的体力、精力在下降。再那么下去，病了可能没人伺候，老了可能没人陪伴。

大多数到了年龄后忽然变“靠谱”的男人，其“回头”最大的动因就是这个。可是，中间被他伤害过、辜负过的女人呢？注定只是他生命中的过客。

“浪子回头”这事儿，就跟炒股似的，基本遵循“七赔两平一赚”定律。能收割“浪子回头”红利的人是很少的，大部分人只会被浪子碾压得渣都不剩，人家吃完你都不带吐骨头的。

浪子回头为什么金不换？因为稀少啊。真要是那么容易回头，“浪子回头”

这四个字后面加的字，就不是“金不换”了。

为何有的女人会有做“浪子终结者”的念头？是因为爱那个人爱到骨头缝里，希望能拉对方上岸，与自己一起过上美好的生活吗？显然不是，很多人只是想赢。

浪荡的人，总是比良家妇女、老实男子更能激发人的征服欲和拯救欲。他们像是一座常人攀不上去的山，总有人想试一试，以证明是其他那些试图攀爬的人不行，他们自己才是有能力拯救失足男女的“救世主”。

想象一个：如果一个所谓的“失足女”或一个“浪子”为了你从此收心了，从此不问江湖世事了，是不是挺有成就感？像一个老师把一个差生改造成功，让其考上了清华北大。

人们都喜欢这样的反转故事，也都希望自己能成为那个“翻云覆雨”的人，毕竟这可以满足自己的自恋。

也别相信“婚姻和孩子是男人的催熟剂”这种鬼话了！一向自私自利、不靠谱的人之所以突然变“靠谱”，是因为他发现眼前的情势容不得他不“靠谱”。

女人别动不动就觉得自己像个救世主，可以做最后的那个“浪子终结者”。“江山易改，本性难移”，一般人没有那么强大的、能让别人脱胎换骨的能量和气场。

（三）别低估“圈子”和环境的力量

浪子一般是有一个固定的圈子的。

人是环境的产物，一个圈子里的人在一起会互相影响、熏陶。当一个人身边都是志同道合之人，那他变成“另类”的可能性也会很小。

真的不要小看圈子的力量。所有不顾家男人的行为背后有坚定的群体价值观支撑的。当圈子里所有人都“那样”，而你希望他“这样”时，你反而会成为那个圈子里“不懂体贴”“限制男人自由”和“强势”的代名词。

比如说，爱去夜店的人的圈子里，十有八九是和他一样的人，他们对这样的夜生活习以为常。只要有一个人的老婆能忍受这种行为，整个圈子里的男人都可能会觉得自家老婆不知书达理，给自己的自由不够多。

人在群体中会变得非常不理性，而且会有非常浓重的从众心理。相信我，你一个人的能量绝对对抗不了一整个圈子里的人对他形成的拉力。他们组成了一个坚不可摧、拥有铜墙铁壁的利益共同体，你的“价值观”很难攻进去的。

身处那个圈子里的所有人会发明各种理论、学说，为这种共同的爱好“背书”和“正名”。他们会给“同类”情感支持、舆论支持甚至是阵营支持。

就拿我一个远房姨父来说，他一生酷爱打麻将，圈子里的人也全是“麻友”。

为了打麻将，他丢了教师工作，对两个儿子从来不管不顾，还一度跟女“麻友”产生了感情。姨妈当年跟他结婚，是看重他的教师身份以及长相帅气。

结婚之前，她也知道姨父交往的几乎全是“麻友”，但她觉得“男人嘛，有点爱好很正常”，结果呢？她的下半生几乎都在为他还债。

我感觉她一辈子都无法觉醒的原因，一方面是自身悟性不高，一方面是姨父和他圈子里的人不停给她洗脑，给她造成了一种“农村没几个男人不打麻将”的错觉。久而久之，她也认为，丈夫爱打麻将，不过是找点兴趣爱好。若是这点爱好都没有，他就该去找女人了。玩麻将嘛，每次也就小输几百；找女人的话，那就不是几百的事儿了。

我还有一个做律师的朋友，大学毕业时是清纯小男生一个，后来常跟客户一起应酬，被客户拉着去了夜总会。去了几回，他自己也禁不住诱惑，下水了，从此湿了“鞋”，丢了家庭。

他的妻子初次察觉他往夜总会跑，就劝过他：“离那帮人远一点。”

他没听进去，因为在那个圈子里，男人去夜总会玩，点两三个人陪唱是常事。在那样的环境下，当一个或几个人开始嫖娼，你若不去，反倒成了异类。你唯一能抵抗诱惑的办法，就是不进那个圈子，与那个圈子的人保持距离，而不是“我加入这个圈子，但我相信自己和他们不一样”。

一个众所周知的现象是：一群人在一起，如果有一个人开始作恶，这种恶习会传染。

关于这种群体心理，勒庞在《乌合之众》一书中说得很明白：聚集成群的人，他们的感情和思想全都转到同一个方向，他们自觉的个性消失了，形成了一种集体心理。而这种集体常常伴随着冲动、异变、急躁、易受暗示、轻信、偏执、专横和保守等非理性特质，寻根究底，这些非理性特质的存在大概是法不责众和易被煽动的心理作祟吧。因为以上那些非理性的特质，直接导致了群体智慧低于个人智慧。

牌友只会约你打牌，酒友只会找你喝酒，而靠谱、优秀的人则可能会引你走上靠谱的路，激励你成长为一个更优秀的自己。考察伴侣的圈子，比考察对方的经济条件更重要。

很多女人结婚生子后，才发现枕边人一直有一些自己完全无法接受的癖好和圈子。比如，沉迷于电脑游戏，圈子里所有人都沉迷电脑游戏；又比如，酷爱找不同的异性发生关系，乐此不疲，圈子里的人隔三岔五在社交软件上交流体验……这往往是源于婚前她们对男人的观察不够细致、考察期不够长。

像不良嗜好、圈子这玩意儿，隐藏一段时间是挺容易的，但想要隐藏、伪装一辈子，很难。人的时间、精力有限，没人能把事情做得滴水不漏。我们爱什么、不爱什么，爱和哪些人交往，时间长了，总会露出马脚。

由于女性认为离婚成本比较高，并且以为伴侣多年以来养成的爱好和习惯，会因为自己的宽容、努力而发生改变。可就我所见，大部分人形成的爱好和习惯，只有他自己愿意的前提下，才会改变。

改造一个有不良嗜好的人，的确能给人带来成就感。你会觉得，别人搞不定、改造不了的人，到了你手里发生了脱胎换骨的变化，那一定是因为自己魅力大、有胸怀、够有智慧和手腕。这种挑战，可能会让你产生胜利感和优越感。

可你别忘了，人家若自己不愿改，你就是有通天的本事也没用。更何况，人家背后还有一个很大的圈子在拉着他，给他精神和价值观支持。

因此，没必要哭着喊着当个“浪子终结者”，当那个被外人佩服和敬仰的拯救者。很有可能你在拯救他人的过程中，你自己也被啃得渣都不剩。

婚前，努力摸清楚对方的爱好和圈子；婚后若是发现自己被诓了，及时止损。这才是正确操作。

（四）忍耐劣质婚姻，就是在浪费生命

婚姻中一旦出现问题，很多人都会这么劝你：

“为了孩子有一个完整的家，为了不让老人伤心，为了不影响双方的利益和面子，你不能离婚，你要忍。”

“男人啊，长多大都是孩子，再过几年就懂事了，你也就守得云开见月明。”

于是，即便婚姻已经千疮百孔，很多人依旧要在外人面前扮演举案齐眉的伉俪形象。

婚姻的当事人忍辱负重，历经沧桑，由“想离”而“不敢离”到“不能离”，最后“懒得离”。

青春年华，大好时光就这样在凑合中流逝。两个人到最后就这样凑合了一辈子，彼此折磨了一辈子，然后还自豪地说“我们金婚了”。

要我说，这样的低质量婚姻，简直就是在浪费生命，根本不值得你用有限的人生时光去适应和忍耐。

那么，什么是高质量的婚姻？从一般意义上讲，高质量的婚姻应该有这几个要素：

第一，夫妻之间相处得像朋友。

浪漫夫妻关系的核心是友情，它在夫妻关系中起到“减震器”的作用，可以防止夫妻关系产生裂痕。重视夫妻间的友情可以巩固夫妻关系，双方把对方当成自己最好的朋友，夫妻感情会越发坚固。

第二，夫妻之间相处得像亲人。

这层关系，比友情更近一些，所以对对方的宽容度和忍耐度也要比对朋友更高一些。夫妻之间朝夕相处，共同经历生活里的挑战和危难，会产生类似亲人的一种感觉，有助于消解夫妻之间非血缘关系的心理界限。

第三，夫妻既是彼此的性伴侣，又是灵魂伴侣。

这层关系，是夫妻之间保持互相吸引、愉悦彼此的必然要求。价值观上的一致，使得双方很容易实现灵魂的交融。而性爱，则使得彼此在感情上更进一步。价值观分歧太大或性爱不和谐的夫妻，分道扬镳是迟早的事。

很多人过着过着，就忘记了自己进入婚姻的初心是“为了幸福”，而不是其他，更不是得过且过和无限忍耐。嫁都嫁了，就一定要忍耐到底？当然不！

面对一个不合适的人，百忍成不了钢，反而会让你成为任人搓扁揉圆的橡皮泥。

希望所有踏进婚姻的人，都能保持这一份初心，有爱得起的资本，也有离得起的底气。过得舒心，咱就过下去；过得痛苦，咱也不必一忍再忍。

忍，也是一种生命能量，该花在更值得的人、更值得的事上。

当然，“你能接受浪子回头吗”这个问题，在不同的人那里会有不同的答案。

在我这里，我相信这世界上真有回头的浪子，但我真的不稀罕。

佛说慈悲为怀，是因为佛的肚子大得能容下全世界，而我的肚子最大时只能装下一个孩子。对于浪子，佛能容，我不能容。

我要的是“被你爱”，而不是“被你需要”。

我要的是，你觉得我这个人值得你去爱，而不是因为我像锅碗瓢盆，因为具备了这样那样的功用而让你舍不得丢弃。

婚前，努力摸清楚对方的爱好和圈子；婚后若是发现自己被诓了，及时止损。这才是王道。

当然，我相信也有那种回归旧爱后，分外知道珍惜的人，两个人从此郎情妾意，因为一段出轨插曲，而过上了更加如胶似漆的生活。只是，这是何苦来着？像我这样的懦妇，可接受不了这样的折腾。

一个人，如果不珍惜我时如此决绝，回来时我必不屑。回头的浪子，如同一张被写满了字揉成团再伸展开无数次的信笺，不再是我当初喜欢的那一张。

真爱一个人，怎会舍得说“天涯何处无芳草，何必单恋一枝花”？因为你甘愿被这个人一叶障目，心无旁骛。

一旦结束，那对不起，我不可能化作贞女石，站在江边守望千年。

而我之所以敢对伴侣有这么高的要求，是因为我有过好单身生活的能力。

“丈夫出轨了，要不要原谅”这事儿，说到底还是看个人吧。你更该考虑的，或许不是该不该原谅，而是想不想原谅。

面对浪子，到底要不要原谅？这事儿本就因人因事而异。哪一种更让你觉得值得和心甘情愿一些，那就选择哪一种。

每个人做每个决定，都有自己的原因。每一种选择，都应该得到尊重。选择原谅的，咱别去骂人家不挑；选择不原谅的，咱也不能说人家追求完美、不懂宽容。

原谅不原谅，都谈不上酷。

最酷的事情，是能为自己的选择买单。

第四节 红白玫瑰，怎可兼得？

（一）红白玫瑰兼占，未必就是美事

《红玫瑰与白玫瑰》是张爱玲诸多作品中一部广为流传的中篇小说，她在里面写了一段很出名的话："也许每一个男子全都有过这样的两个女人，至少两个。娶了红玫瑰，久而久之，红的变了墙上的一抹蚊子血，白的还是'床前明月光'。娶了白玫瑰，白的便是衣服上沾的一粒饭粘子，红的却是心口上一颗朱砂痣。"

这句话实在太振聋发聩了，连李碧华也在她的代表作《青蛇》中化用了这段话："每个男人，都希望他生命中有两个女人，白蛇和青蛇。同期的，相间的，点缀他荒芜的命运。只是，当他得到白蛇，她渐渐成了朱门旁惨白的余灰；那青蛇，却是树顶青翠欲滴爽脆刮辣的嫩叶子。到他得了青蛇，她反是百子柜中闷绿的山草药；而白蛇，抬尽了头方见天际皑皑飘飞柔情万缕新雪花。"

有句话说的是"人人都有一颗外遇的心"。也许每一个人，不分男人女人，生命里都有过这样的红玫瑰与白玫瑰吧，至少是幻想过的。

把这种想法付诸行动的，常常是男人。比如老田就是这种人，现在他就纠缠在“鱼和熊掌不可兼得”的难题里，老婆可靠，把家庭孩子照顾得很好，情人浪漫体贴，跟她在一起的每一分每一秒分外曼妙、刺激。

两个女人搅和在一团乱麻的关系里，无论让他挥刀砍去哪一个，他都会觉得连皮带肉地疼，于是，他选择了两头哄骗，跟老婆说自己工作忙，跟情人说自己是单身汉一个，目的只是让这样的“幸福生活”能延长一些，再延长一些。

老田是我认识了多年的网友，看到他陷入这种“痛并快乐着”的两难境地，我也就揶揄他两句了事。

我不赞成他这么做，但也无权指责，毕竟每一个人都有自己的生活方式。粤语里有句民谚“吃得咸鱼抵得渴”，他自己能承担得了这么做的后果就好。

他们心目中总有两朵玫瑰，一朵白，一朵红。白的清纯、端庄，像妻，是他的贤内助；红的妖冶、魔邪，是他的热恋。

大多数男人想跟红玫瑰来一场刻骨铭心的恋爱，却并不愿意娶她为妻，因为跟红玫瑰在一起，时间长了对方变成蚊子血，颜色艳丽，让人隐约厌恶，而白的，届时已成为明月光，清淡幽远，可望而不可即了。

权衡利弊之后，男人选择了白玫瑰，可时间久了，他也会觉得白玫瑰就变成白饭粒，虽不能缺少却不再觉得珍贵；而红玫瑰则成为朱砂痣，是心头隐痛，每次想起来都惘然。

（二）提高对婚姻的悟性更易获得幸福

之前我看到一个妈妈教儿子如何选老婆，蛮有意思。她说，女人分两种，小白兔和母老虎，小白兔只出嘴、不出力（给足你情绪价值，让你去前线拼杀，她在后头享福），而母老虎则可能嘴不够甜、脾气有点臭，但若是真遇到事儿了，是真能扛事儿，真能跟你对抗人生风雨……所以，娶妻要娶母老虎。

可我觉得，很多男的还是会选小白兔。越是自卑、自大的男人，越是如此。自卑是因为强女人让他害怕，女人越强，他越怕。自大是因为他认为自己这辈子都不会遇到事儿，遇到了也扛得住。还有更多人，希望自己娶到的老婆既是母老虎，也是小白兔。或者，左手母老虎，右手小白兔。母老虎负责管家，小白兔负责陪伴。

早几年前，也有一个观点在网络上颇为流行：智商低的男人容易出轨。这个论点是由伦敦政治经济学院心理学者金泽（Dr Satoshi Kanazawa）发现的。金泽发起调查，分析美国数千名青少年、成年人的社会意向与智商，发现“聪明的男性较重视一夫一妻制，在性方面较专一”。对伴侣比较忠诚的男性，平均智商水平 103；而不忠诚的男性平均智商为 97。

金泽说，男性的智力与忠诚度之所以有关，源自演化发展，男性性行为的排他性是一项“演化创新”特质。从进化角度讲，专属型的性关系对男性是一种进步，聪明的男子更乐于接纳此种行为约束；对此适应性差的男人则会禁不住诱惑，频频出轨，这些人的智商也往往不那么高。换句话说，智商较低的男性较不易接受新观念，较难适应现代社会的一夫一妻制，容易陷入诱惑，背着另一半偷腥。

当然，金泽说的只是“智商低的男性比较容易出轨”，并不是说“智商高的男性就一定不会出轨”，也不是说“智商低的男性就一定会出轨”。在这里，他讲的也只是一种概率问题，而我更愿意把这里的“智商”理解为“悟性”。

悟性高的人，在人群中是比较稀缺的。活着的每一天，他们都在观察、都在琢磨、都在实践。一个人为啥能成为“学霸”，成为业务能手，成为各行各业的佼佼者，能让一个家庭、一个团队、一个项目、一项事业保持良性运转？就是因为他有强于常人的悟性。

观察我们身边的真实案例，我们不难发现：那些因为出轨而导致家庭生活鸡飞狗跳的男人，往往在婚姻方面悟性不怎么高。真正悟性高的男人，面对诱惑，会衡量自己要付出的代价。他们目光远大，追求的往往是长期的目标、更久远的幸福，而不是一时的新鲜刺激。

一个人悟性高的表现是什么？我的理解是：能一眼就看清、看透事情的本质，有格局，有智慧，不鼠目寸光，不偷奸耍滑，不愿意为那些愚蠢的事情虚耗时间、金钱和精力。

悟性高的人在婚姻中，往往也能敏锐地觉察到夫妻关系中出现的问题，然后灭掉那些可能会焚烧掉婚姻的火花，让婚姻朝着健康的轨道向前发展。

面对出轨问题，悟性不同的人或许也会有不同的态度。

悟性最高的人，不出轨，爱就好好在一起，不爱就分开，坦坦荡荡。

我的一个朋友和她的前夫两个人在彼此一无所有的时候认识，随后生下一个可爱的儿子，可后来她的前夫跑业务赚了点钱，就开始膨胀了。

再后来，因为搞不定家里的婆媳问题，他觉得心里很烦，索性和一个KTV里的小妹好上了。他以为自己可以一直瞒天过海，岂料反侦查手段又不行，三五下就被逮了个正着，朋友愤而离婚，一个原本温馨的小家也就这么散了。

这位“前夫哥”沮丧万分，他后来跟朋友说自己的出轨行为就是“为了芝麻，丢了西瓜”，是“送走一个孙悟空，迎来一个窜天猴”，他再也找不到像前妻那样优秀、对自己好的女性了。

要我说，这就是悟性差啊。连自己的家庭都处理不好，还要去搞婚外情。家庭散了之后，他可能还要再婚，可一个家庭都搞不定的人，让他处理跟前妻、后妻、与前妻生的孩子、与后妻生的孩子的关系，他有多大的概率处理得好？

说到底，美好的婚恋，永远只产生在互相尊重、互相坦诚的两个人之间。你给我一个桃，我回报你一个李。你交付真心，我还你热情。你给我未来，我还你现在。你在乎我，我就懂得尊重你。

爱情的美好，就在于这样的相互给予，而不是各取所需。只是，悟性高的人太少了，所以，这世界上才会有那么多的烂俗故事，那么少的美满婚姻呀。电影《七月与安生》里，七月辞去工作离开小镇前，她妈妈对她说：“过得折腾一点，不一定不幸福，就是太辛苦了。但其实，女孩子不管走哪条路，都是辛苦的。”

我常常在想，既然女孩子不管走哪条路都是辛苦的，那我们不一定要很爱很爱一个男人啊，何况他们有可能懒得探究你内心里是不是也开着两朵玫瑰。

我们爱他们一点点就好了。

最重要的是，我们有自己，我们有彼此，我们有更辽阔的远方，还有经历过一些事之后更坚定地走向远方的心。

第五节
好婚姻是“天时地利人和”的结果

（一）表面般配的婚姻不一定幸福

某女演员和某男演员离婚这天，朋友在微信上给我发来一个狂哭的表情。

她问我：“‘男神’和‘女神’那么般配，可为什么还是不幸福？”

我说：“‘女神’没能跟‘男神’长久地在一起，大概是因为‘男神’本身也在高处，放不下姿态去迁就、包容站得和自己一样高甚至比自己更高的‘女神’吧？”大家都是“神”，那谁去当“人”呢？而婚恋关系中，最不需要的就是“神”。

“女神”和“男神”回到家里，都要褪去“神”的光环变成普通人。这时候，他们都需要拿出真实的“自我”跟对方相处，这才是真正考验人性和爱情的时候。

如果我们把“男神”或“女神”身上的光环都比喻成潮水，那么潮水退去，方能见到“真身”。时日久了，你爱的到底是伴侣的“真身”还是那个戴着光环的“神”，自然就见分晓。

我一个女同学曾有过两段婚姻，第一段便是跟众人眼中的“男神”结的婚。那时，她是大学里的“系花”,“男神”是“系草”。两人家庭背景相似,“颜值”、身材都高出普通同学一大截，学习成绩也都属中上等水平。

“系花”和“系草”手牵手从图书馆走出来，总给人一种“很登对”之感。那时候，他们俩也沉浸在这种被周遭人艳羡的感觉之中，虚荣心得到了极大的满足。

毕业后，他们去到某一线城市工作。女方口头表达能力好、英语口语不错，进入一家上市公司做销售；男方在技术方面有所长，进入一家民营公司做技术。

毕业一年多，双方父母不断催婚，同学们也老不停询问他们到底啥时候结婚，两人干脆就把证给领了。随后，为了节省房租，两人搬到了一起住。

真在一起过日子之后，他们俩几乎每天都在闹矛盾。

男方发现女方的很多生活习惯自己简直无法忍受。比如，女方每次出门都把自己打扮得光鲜亮丽，但回到家里，衣服、鞋子、包乱丢，整个屋子杂乱不堪。如果他出差一两周回来，她有本事一两周不清理垃圾桶。

女方则觉得，这不是什么大不了的事儿，她每两个星期请钟点工上门收拾一次，家里也就恢复干净、整洁了。

女方也忍受不了男方的消费习惯。比方说，大周末，她想搞点情调，就提出来去西餐厅吃一顿烛光晚餐。男方不大同意，他觉得现在两个人还在租房子住，现在最紧要的是先存钱买房。女方则觉得，钱不是省出来的，而是赚出来的，做人没必要太小气。

两个人时常为这些生活琐事吵得不可开交，加之那会儿因为两个人“颜值”都很高，在各自的公司里从不缺异性缘。

关系紧张时，他们各自跟异性同事走得稍微近一点，就很容易引起对方的误会，引发战火。

吵着吵着，男方那边干脆来真的了，和公司里一个其貌不扬的前台妹妹产生了感情。女方发现后，迫不及待提出了离婚。

两人离婚后，男方和公司里的前台妹妹结婚了。到现在，两人已经生了二胎，相处得挺和谐的。

女方呢，单身了两年，后来出去相亲，认识了一个经济条件还不错但长相比较普通的男生。一开始，她有点嫌弃男方“颜值”低，但后来在男方的真诚追求下，和他好了。我第一次看到男方照片时，也曾发出过“一朵鲜花插在了牛粪上”的感慨。

两人举办婚礼那天，我也去了。他们的婚纱照放大以后放在酒店门口，一个路过的大妈端详了那张婚纱照一会儿，然后很认真地跟我说：“这男的，长得配不上这女的。”

我把这事儿当成笑话讲给女同学听，女同学回复：“我们自己觉得合适就好。以前那个，你知道我说的谁，大家都说我们很般配，结果呢？你也看到了。”

女同学现任丈夫的性格，确实跟她很互补。她依旧是不爱收拾，但男方比较能包容她这一点。每逢有客人到访，两人就“突击收拾”一顿，边收拾边互相打闹。你与其说他们是在收拾东西，不如说是在调情。

两人的消费观未必完全一致，但每次出现分歧，就用扔硬币的方式来决定这次听谁的。他们也会吵架，但夫妻俩都遵循“吵架不过夜”的原则，基本能做到“当天吵架，当晚讲和”。

如今，两人已经走过了“七年之痒”，二胎都已经三岁多了。

（二）好婚姻都是“卤水点豆腐”

女同学的故事，让我对“般配”这个词有了新的思考。

婚姻中的“般配”，到底是外人眼中的“般配”，还是我们自己认为的“般配”？

你长得漂亮，那结婚时就去找个帅的，这叫“颜值般配”。

你是富二代，那就得去找个富二代，大家实现资源的“强强联合”。

你是“学霸”，那就得跟“考神”联姻，人们会觉得你们生出来的孩子一定也是智商超群。

“校花”配“校草”，“男神”配“女神”，王子配公主，大家闺秀配豪门才俊……这是大家认可的“门当户对”。

人们都喜欢看这样的爱情童话，而他们便是这场童话中的主角，接受人们艳羡的目光。

可是，当我们慢慢长大，经历过充满波折的爱情和婚姻，遇到过形形色色的人，伤害过别人也被别人伤害后，我们会发现：所谓爱情，说到底不过就是“卤水点豆腐，一物降一物”。真正的般配，并不是表面上的门当户对，而是精神内核的趋同、两个灵魂的共振。

人都有慕强心理，结婚时更不愿意“低就”，因此，很多人也很享受那种与伴侣“外在条件匹配”进而被人艳羡的感觉，却忽视了两个人想要走得长久，最重要的还是要看“心灵的契合度”以及“对这份缘分的珍惜度”。

而且，光有这些也是远远不够的。

好的婚姻，是“天时地利人和”的结果。

所谓的“天时”，是相遇的时间要刚刚好。

一个非常稳重帅气的男人到了将近四十岁的年纪，才遇上了同样成熟漂亮的女人。有人看了他们俩年轻时的照片后，感慨说：“如果早十年你们就遇到了，以你们俩当时的‘颜值’，拍出来的婚纱照绝对能超过一众娱乐圈明星。”

女方淡定地说：“如果我们十年前遇到彼此，那一定走不到一起去。那时，他轻狂，我高傲，都不会给对方机会。现在，我们都经历过生离死别，经历过失败和挫折，经历过失去从而更懂珍惜，对生命充满敬畏，具备爱的能力，有勇气有担当，不拒绝成长……我们现在才遇到彼此，就是命运最好的安排。”

爱得深，爱得早，不如爱得巧。

所谓“地利”，便是双方物理距离的远近以及各自的家庭条件和氛围，要能对这门婚姻形成助力。

我们都知道，维持异地恋是很难的。我们都是人，都会有脆弱的时候，都会面临诱惑。距离很多时候产生的不是“美”，而是重重“误会”甚至是“第三者”。

另外，双方各自的原生家庭对这门婚姻也存在很大的影响。现实生活中，也有很多婚姻毁于公婆和岳父、丈母娘。

所谓“人和”，就是双方在价值观上匹配，性格能彼此相融，都得有经营婚姻的意愿、智慧和能力。

“人和”也包括阅历和悟性的匹配。

曾经，有人问我：“两个人在一起，最重要的是什么？是性格？三观？性和谐？还是外在条件的匹配？到底哪个最重要？”

我想了想，觉得这个问题的答案只有一个：“想在一起。”

价值观、性格、经营婚姻的能力等相匹配，是好婚姻的“充分条件”，而“想在一起”是必要条件。

如果你有不管走到哪里、不管发生什么事都不愿意放开对方的手的决心，那么，你们之间不管发生什么分歧、问题、矛盾，都能得到妥善解决。

很多事情，不是我们“没能力所以办不到”，而是“不想办才办不到”。

每个人心中都有一个价值排序。有的人认为，“我赢”比较重要；也有人认为，“我们在一起”比较重要。

如果夫妻双方都能有后一种觉悟，这样的婚姻很难会散伙的，因为他们更能包容、更懂珍惜。

结婚时，大家都是奔着幸福去的，没有人能在婚前预知到后面的结果。

结婚就跟买房似的。你只有住到那套房子里，才知道那套房有什么问题，买房前的考察只是看个大概。而不管怎样的房子，都会存在这样那样的问题，就看你怎么修缮了。

有时候，你再努力也修缮不好，来场地震就塌了。

所以，你看，一桩好婚姻实在太需要各种因素成全了，也不是靠某一方单方面的努力就可以。

好婚姻需要“天时地利人和”，但很少有人能把这些要素全部“集合”整齐。

一切都像是命中注定。

你会在那个路口遇见他/她，又会在另外一个路口跟他/她分道扬镳。

有时候，你付出了百分之八十的努力，却只收获了百分之二十的幸福甚至是百分之一百的痛苦。

也正是因为一切不可控，我们才要学会接受无常。当发现两个人捆绑走下去不如一个人单飞更舒爽时，就要勇敢放手，拥抱海阔天空。

结婚不值得普天同庆，离婚也不值得如丧考妣。婚姻只是人生的一个驿站而已，决定不了我们的人生走向。但，请你相信：一切都是命运最好的安排。

◆ 第四章

用有效的方法管理自我

第一节
不要害怕失败，勇于追求

（一）不要低估自己，要勇敢向前一步

我以前工作的单位，时不时会面临需要借调人手的问题。那时候，借调对基层员工来说，还不算是一件苦差事，还是会有很多隐形的好处或福利的。有时候，借调人手要得特别急。可是，我去借调人的时候，发现一个现象：很多女孩子真的比男孩子能干，但是遇到借调机会，她们会犹豫。

男的觉得是个机会，就不假思索抓住。女性会纠结很久，要考虑家庭，要问老公的意见，等她们考虑清楚的时候，也许借调人选已经定好了。

平日里，开会的时候，女性也大多不敢坐前排。发言时，她们大多也会先让同职级的男同事发言。有了升职加薪机会，她们也大多不敢争取。

造成这种现象的原因，我认为有两个方面：

一方面，女性不敢去争取，跟整个社会对女性的教化有关。女性在社会生活中，很容易被视为男性的花边，一出头就会被打压。到了职场中，也是如此。确实也有一部分女性，潜意识里非常害怕自己比男性表现突出。应酬场

合，大家默认端茶、倒酒、添菜的是女性，推杯换盏的是男性；有人来访，大家默认端茶倒水和做接待的也是女性，谈正事的才是男性。

另一方面，很多时候，男领导一听说借调的是女性，总会担心她不能全身心扑在工作上。同样的才干，同样的付出，女性想胜出，很难。而男性绝大多数时候都是被优先考虑的。

脸书的首席运营官谢丽尔·桑德伯格写过一本书——《向前一步》。她认为，影响女性能否领导他人的原因有许多，最重要的是女性自身感到恐惧、选择退缩，她们不敢放开脚步，努力追求自己的梦想。

她曾在 TED 大会上讲过这样一件事：美国财长带着四位女性随行人员在脸书公司与硅谷高管们开会，会后用餐时，这四位女性排在他们后面取餐，并且选择了在房间的角落就座。尽管桑德伯格招呼她们坐到桌前来，她们却犹豫半天没有上前。其实她们完全有参与会议的资格，但从座位的选择上来看，她们默认自己是旁观者，而非参与者。很多女性的退缩，实际上就是她们自己选择成为旁观者。

桑德伯格认为，如果一个女性要想获得成功，她就该大胆地向前一步，坐到桌前，主动参与讨论，表达自己的想法。毕竟要成为领导，就不该等待别人告诉自己要做什么。女性如果要在职业发展上取得成就，那就应该奋勇向前，主动自信，努力争取。

女性的一个倾向就是低估自己。如果要解释自己成功的原因，男性通常会归因于自己的能力，而女性通常会把原因归结于外在因素。如果要是解释自己失败的原因，那么结果相反，男性会把外在因素认为是主要原因，而女性却会自责于自身能力不够。

哪怕是成功的女性，就像桑德伯格自己，也总是会走进低估自己这个误区。当她看到自己在福布斯“世界最具影响力的女性”榜单中排行前列，甚至超过了米歇尔·奥巴马时，她感到难堪和羞愧，并且阻止同事夸奖和祝贺自己，直到助理提醒她，这样的行为不妥当时，她才意识到了自己不经意陷入了低估自身的误区。

在应聘新工作时，女性经常会过于担心自己的能力不够，无法胜任这个工作。一项来自惠普公司内部的报告显示，只有认为自己完全符合条件时，女性才会公开申请职位；而男性一般在当自己有60%的条件符合时，就会选择申请。这种缺乏自信、试图规避风险的做法，最终导致女性失去机会。

其实，在大多数时候，你并不会完全符合某一个机会的要求，即使没有100%符合，也不一定不能胜任，要知道更重要的是拥有快速学习的能力。只要学习能力足够强，减少差距不过是时间问题。抓住每一个机会，在如今这个发展速度极快的时代尤为重要。上级主管可能不会有很多时间仔细考察所有申请职位的应聘者，更不会主动邀请畏首畏尾、不敢向前一步的人。

不要寄希望于自己工作优秀，就会被人看到并主动给予相应的认同和奖励，女性一定要学会抓住、创造机会，主动争取属于自己的权益。

我女儿上初中的时候，我是这么教育她的：

对于女孩子来说，承认并诚实面对自己有欲望、想要、想赢、有野心，是一件特别重要的事，这并不可耻。怕就怕，明明想要，却一直自我洗脑说“不稀罕”。

有欲望不是坏事，这说明你是充满野性而不是颓废地活着的。你想赢，想做好，想得到，就是一种野性，一种攻击性，一种可贵的生命力。

攻击性不是说，让你去攻击别人，把别人拿到手的东西据为己有，而是在一个相对公平的竞争环境中，像全红婵一样，为了你想要的某个东西、某个结果，竭尽全力，用让人心服口服的方式去争取甚至争抢你想要的一切。

社会一直是残酷的，大家一直处在一种竞争的状态。像我们这种家庭，你还是要靠自己亲手去创造未来。你不能靠父母过一辈子。

我知道你从幼儿园开始，就一直活得“不争不抢”，那是因为不知道，大家争啊抢啊，最终都能拿到一份，“此一份”和“彼一份”并没有太大的差别，所以，为芝麻绿豆大的事情争抢，显得有点滑稽可笑。

但现在，随着你慢慢长大，你会发现这个世界有很残酷的一面，你很快就面临着各式各样激烈的竞争，而我们不可能也没资格一直蜷缩、避让。谦让可以是你的手段，但不要把它当成目的和奖状。

如果你被狼惦记上，也千万不要抱有侥幸心理，原因如下：第一，狼不可能给你好处；第二，你根本也不要幻想能跟狼和平共处。所以，抗争是你唯一的选择。淡泊、释怀是对自己，但很多事情也是需要进取、抗争的，因为我们不能把世界拱手让给自己所鄙视的人。

你总说妈妈有时候很野蛮彪悍，是因为你没意识到，我们在这个社会上生存，去到哪儿都需要这份野蛮和彪悍。如若我不彪悍，你就得提早彪悍。

我们在学校里学的都是“温良恭俭让”，但那只是世界的一部分真相。世界从来不属于不断谦让的善人，而是属于狠人的。最狠的人“对自己狠，对别人也狠”，次狠的人“对别人不狠，对自己狠”，最差劲的人“对别人不狠，对自己也不狠”。以上三种人的社会成就，也是次第排列下来的。

上了初中，希望咱们都有个全新的开始。别的不说，我希望你能活出点攻击性，别老蜷缩、谦让着了。学校也好，社会也罢，不会给凡事想着退缩、避让的人发金牌。

（二）女性也可以再勇敢些

女性从小受到的规训，都是你要做一个被动型、防守型的人，不能释放主动性和攻击性。所以，很多女性在爱情、事业上都显得比较被动。

比如，我们时不时就听到大家劝告一个女性：“最好不要主动去追求一个男人，会掉价。你要学会等，在所有追求你的男人中选一个最靠谱的。”可是，问题来了：为啥男人主动去追求女性，不会掉价？

很多男的，就是在择偶阶段广撒网，哪个自己最容易够得上，那就去专攻这一个甚至这几个。

他们想要什么样的人，就主动去争取，被拒绝了也没关系。

有的女性，一旦被拒绝了，就会产生很强烈的耻感——虽然这种耻感毫无必要。

而众所周知，比起主动出击，你被动等待的可选择范围更小。可选择范围小了，你从中挑选到优质人选的概率就低。

所以，在这些事情上，我觉得女性可以主动出击，不要害怕被拒绝。我们很多女生都活得太被动了。

你看，很多普通男人的综合条件也不是特别好，但只要他们比其他男生勇敢一点、自信一点，就能追到很好的女生。即使追不到，他们也不怕输。

我以前不喜欢《笑傲江湖》里的任盈盈，但这两年看她，想法又变了。

她是一个非常合格的勇敢追爱的形象。赵敏也是这样的。

总体来说，女性主动追爱，难度和成功概率和男性是不一样的。

纵然如此，我还是鼓励女生敢于追寻自己的幸福。前提是，你是真心喜欢人家。如果你真心喜欢人家，去追了，但最后没追到，也不必失落，学会及时止损就好了。尤其是遇到那种“既不喜欢你，又想吊着你用用的”，一定要及时止损。记住，别听他们说“要考验你”之类的话。在我们国家，只有党和人民有资格考验你。

我说的不光是择偶哦。其他领域，比如工作，也可以培养自己的主动出击的思维。想要什么，主动去争取，不要避让，不要顾虑太大，输了也没关系。

我一直有这样一个观点：长期在“以女为弱”的文化环境中长大，我们女性很容易有一种“哀怨心理”和“受害者心态”。

这种心态，对于解决问题是毫无益处的。你还没开始战斗呢，就在自我同情中把能量消耗完毕了。

我的建议是：遇到这种事儿，想想看看自己有什么能够制衡别人的东西，先把战斗打赢了再说。

“哀怨心理”和“受害者心态”可以有，但那得在事情“尘埃落定”之后。到时候再把它们放出来，再哭个天昏地暗也不迟。

你们可以去看看动物界的母狮子、母老虎，在遇到敌情的时候，它们是铆足劲儿去攻击对手的。攻击完之后，才找个安全的地方去疗伤。

哀怨只会让亲者痛、仇者快。遇到事儿了，请姑娘们先支棱起来。敌情解除了，再瘫软下来也不迟。

女性真的要有狼性，要去争夺话语权、决策权和社会资源。永远不要惧怕别人嘲讽你是“女强人”，永远不要接受社会对“女强人”的打压。

如果大家不拿出点狼性来，会怎样呢？社会政策的决策者如果都是男性，可能对女性的处境就没法感同身受，可能会选择性忽略我们的呼声。

所以，永远不要迎合“以弱为美”的审美体系和价值观。你看动物界，就不会拿道德、审美、价值观等东西来束缚和遏止雌性的强大。不管是雄性和雌性，动物们都会更欣赏强者，而不是“以弱为美”。鼓励你弱势，本质上是为了下一步更好地占你便宜。自然界的法则，在人类世界也有效：大鱼吃小鱼，小鱼吃虾米。

我们需要抢占各领域话语权，而不是被限定死了只能回家相夫教子。我们这个社会，需要出现更多的女强人、更多的女性决策者。

（三）要学会处理好家庭关系

我年轻的时候，至少在三十岁以前，也总喜欢跟伴侣一争高下。对方的语气、态度，总能让我反感，我总是想在一场争斗中，做那个站在高位的人，俨然我认输或低头一次，我的家庭地位就降低了。

可到了这个年纪，我觉得当初的自己多少是有点幼稚的。真正决定你在一场人际关系中是否占主动权的，不是你事事、处处争上风，而是你的实力、你的价值、你的资源，以及情绪稳定，内核稳。

婚姻就像是一场围棋游戏，两个人都通过参与这场游戏，各得其乐。而两个人相处，就像围棋上的黑白两子，双方其实一直处在一种纠缠和博弈的游戏状态。真正的高人，不是每一步棋都要占上风，而是懂得跳出棋局去看待对方、看待自己、看待情势，追求更大的赢面。

换而言之，你既是棋子，也是棋手。谁有做棋手的这个能力，谁才能成为最终的赢家。只可惜，绝大多数人都只是棋子，只看到对方离自己近了一步，是攻击了自己的左侧还是右侧，然后，站在棋局里反击。

在处理家庭关系层面，我认为女人天生拥有非常好的直觉和优势，女人是更有机会成为跳脱出棋局做棋手的那个人。

这一点，你们可以去观察一下家家户户是怎么过年的，你会发现：绝大多数家庭的氛围都是由女人缔造的，绝大多数家庭与别的家庭的联系和社交都是由女人去维系的。

女人想在关系里得到的东西有很多，但男人对家庭关系的要求其实特别简单，尤其是结婚多年的中年男人，背负“上有老、下有小”的经济压力以及要出人头地的社会压力，回到家里的需求可能只剩下一个：少来烦我。

这种时候，女人能为自己的情绪独立负责，就显得尤为重要。如果你还是像谈恋爱时期一样跟他相处，指望他能全方位满足你的情绪需求，真的很不现实。

所以，我认为到了这个人生阶段，女人需要改变自己与男人的相处模式，从以前的“爱男人”改为“用男人”。那些过得幸福的女人，全部都是懂得“用男人”的人。

如果这个男人不是那么不靠谱，也愿意为家庭承担责任，只是不知道怎么做才能让你满意的话，请不要成天埋怨、指责，因为埋怨解决不了问题。不如换一个思路，你直接明确告诉他希望他怎么做，做什么。只要他愿意去执行，哪怕执行得不够好，这日子横竖还是能过下去的。

具体做法是：第一，尝试与老公一起制定明确的、具体的、可度量绩效目标。第二，建立良好的沟通机制，随时了解他的期望和目标，提高他对家庭建设的参与感。第三，不妨建立奖惩机制，也可以调节家庭氛围。

我认为，这是当家女主人应该具备的基本素质。在鸡毛蒜皮的事情上争高低、争对错、占上风，那是恋爱期间的女生追求一种“被在乎、被重视的感觉”，但这对过真刀实枪的日子来说，没啥意义。过日子要的是实实在在的实惠。

必须要强调的一点是，想要学会处理好家庭关系，要努力做到经济独立、情绪稳定、内核稳定才行。换而言之，你遇事不慌，哪怕对方慌了，你都可以做到不慌，甚至能兜得住对方的情绪。

一个人的经济独立、情绪稳定、内核稳，不是喊喊口号就能做到的，我也是经历了很多痛苦、做了很多积累，才慢慢摸到了一点点边。

第二节 自虐心重的人，须当远离

（一）别把情绪失控后的自残理解成爱你

有这样一件事上了新闻：甘肃兰州一男子与妻子发生口角时，突然冲进厨房，拿起菜刀就砍断了自己左手的四根手指，妻子被吓得尖叫。夫妻俩赶到医院时，妻子手里还提着丈夫四根截断的手指。

男子醒来后表示，与妻子发生矛盾后变得非常冲动，害怕会做出伤害妻子的事情，就剁掉了自己的手指。

一些网友说："哇，好男人哎。宁肯伤害自己，也不动老婆一根手指头。"

要我说，这可能只是男子事后的托词。事情已经发生，不把自己说得"伟大"点、"爷们儿"点，自己也不好意思不是？

我若是案例中的妻子，估计得寻思着赶紧离婚算了。

这算什么"爱护妻子"呢？而是无法控制自己的情绪，心智不成熟，遇到一点小事儿就走极端。

无独有偶，我曾经收到过一个男网友的倾诉："每次跟我女朋友提分手，她都要死要活，甚至割腕自残，怎么办？死倒是不至于，但每次她割腕，手上都会留下疤痕。有一次，她问我，每次我看到她手上的疤痕，会不会觉得对不起她、会不会很心疼她，但说实话，我能感受到的只有害怕，一看到她自残，我就只想逃离她。"

还有另外一条类似的留言，来自女性："每次我跟老公吵完架，他就狂扇自己耳光，还用头撞墙，有一次撞到眼镜都裂了，头都流了血。现在我都不敢跟他起争执，就是怕他自残。可是，家里有些事情，我需要跟他沟通，这些事情两个人的意见也不可能完全一致。就连买个房子，他若是不同意的话，我担心他自残，就只能无限期搁置下去。跟他在一起的每一天，我感觉自己像是坐在定时炸弹上面一般。"

这两个网友的反应还算是比较正常。他们潜意识里认为，动不动就自残、自虐、自杀的人，心理可能都有点问题，挺让人害怕。

我一个女性朋友，当年也遇到类似的情况，但是，她却将这种"信号"误解读为：男友一定是太爱我了。

那时候，她和男友已经同居了几年。男方对她，真是好得没话说。她半夜想吃麻辣烫，男友立马下床去买。每天早上，男友会给她挤好牙膏、做好早餐。冬天她脚冷，男友二话不说把她的双脚揣到自己怀里……可是，她也有对男友不满意的地方，比如，男友对母亲过于依赖，还有自残倾向。

她说想早点买房，男友说要打电话问下妈妈。她想带他见自己父母，男友也说要打电话问下妈妈。她想和他一起去西藏旅游，男友还是说要打电话问下妈妈。

相处的时间长了，她觉得跟男友结婚后，自己怕是没有好果子吃，就试探性地提出了分手。结果，她前脚刚提，后脚他就用烟头烫伤了自己的胳膊。

看着他胳膊上的伤疤，她内疚不已。

她问他："你为什么要这样伤害自己？"

他哭着回答："因为我太爱你了，我受不了你离开我的生活。我希望你能回来，和我在一起。"

她一感动，就跟他结了婚。婚后，婆婆的到来让小家庭战火不断，她无数次想过要离婚，但每次一谈离婚，丈夫就自残，弄得她不敢说出口。

朋友最后离成婚，是因为婆婆听她说不想生孩子，就给儿子施压，要求儿子娶一个愿意给他生孩子的女人。他不敢忤逆自己的母亲，领完离婚证当天，就去了酒吧，用啤酒瓶猛敲自己的头，被送去医院缝了三针。戏剧性的是，前婆婆弄清儿子自残的原因后，竟又打电话央求她："我错了，我不该拆散你们，你可不可以回来，跟我儿子复婚？"

朋友当然没答应，她是发自内心地感谢婆婆的"拆婚之恩"。

（二）有的人自虐，是想对他人达成"隐性控制"

好多年前，我老家有一对夫妻吵了架后，双双自杀。

妻子觉得丈夫说的话，对自己而言是一种莫大的侮辱，待丈夫一出门就在家里喝了农药，要以死证明自己的清白。农药喝下去以后，她很快被人发现，然后送去医院洗胃。

丈夫听说她喝农药自杀，非常生气，他认为妻子是在用死来羞辱他，让全村人都看他笑话，让大家都认为她是他逼死的。他承受不了这样的舆论压力，想在舆论上占上风，就上吊自杀了。他试图用死来证明：不是我逼死你，是你逼死我的。

在医院里被救回来的妻子，听闻丈夫已经断气的消息，不愿意背负“是自己逼死了丈夫”的罪名，第二次找来农药喝了下去。这回，神仙也救不了她了。

两天之内，这对夫妻双双毙命，留下一对孩子无人照顾，大的五岁，小的三岁。这对孩子后来由爷爷奶奶养大，没上过学，现在可能他们都要当爹当妈了。如果当初他们的父母能稍微明事理一点，脑子开化一点，也许他们会拥有完全不一样的人生。

这一对自杀的夫妻俩，都觉得在“到底是谁逼死谁”这事儿上，“让自己赢”更重要。

“怎么赢”呢？他们的逻辑是比惨。谁更惨，谁就赢得了舆论的同情。怎么做最惨呢？当然是自杀啊。我估摸着，他们光在意念中想象一下自己死了以后，全村人围着自己的尸体指责伴侣的样子，就获得了快慰。“我用我的死，让舆论这把剑为我自己复了仇”，这就是他们的心理逻辑。

当然，这也跟周遭的舆论环境有关。那时候的庄稼人，比较尊崇“死者为大”，对死者的同情大过一切，不自觉会把指责的手指头伸向刺激他们寻死的人：人家都死了，而你死皮赖脸地活着，应该要忏悔。

这种自杀，多多少少是带点报复性质的：我要让全天下的人都知道你的不仁不义，是你逼死了我。哪怕付出生命代价，我也要获得道德制高点，赢取舆论上的胜利。

用自虐、自残、自杀等方式对他人进行“隐性控制”，获取道德和舆论制高点，不仅仅发生在情侣、夫妻之间，还有可能出现在上位者与下位者之间。

我记得，高中军训时，教官教我们打军体拳。有几套军体拳的动作，我怎么做都做不到位。教官给我讲解几次，我还是一脸懵。最后，教官选择让自己“前摔”的自罚方式，来让我“长记性”。

那段时间我压力特别大，因为我对那些动作总做不到位，他就一遍又一遍地“前摔”自罚，每摔一次就问我一次“你听懂了没有”。

我一开始不知道他这样自摔的用意，就老老实实回答：“没听懂。”后来有同学用胳膊肘捅我，我才恍然大悟：教官这是在逼我懂。

教官用自罚的方式，成功引起了同学们对我的仇视。到后来，有一个同学甚至跟我说：“你故意的吧？你就是想让教官受伤吧？”那一刻，我真是百口莫辩。

其实，我更想看的，是教官给我示范军体拳动作，而不是他的自摔啊。你摔一百次，我也只看到你自摔，要学习的军体拳动作我还是不懂啊。

同学们心疼他、仇视我的目光，让教官获得了报复我的快感，也让我因为自己太笨、总是学不会而无地自容。直到军训结束，我也没能流畅地做完那一套军体拳动作，但每次做军体拳，我就压力大到想逃跑。

自虐，何尝不是另外一种形式的“控制”呢？我拿你没办法，那我就自虐，让全世界都认为“我这么惨都是你害的”，我利用群众的眼光给你施加压力、逼你就范。

群众的眼光也不一定是雪亮的，他们很容易被误导：明明自罚是你自己的行为，跟“学员学不会军体拳”之间没有必然的因果联系，但群众就是会把学员视为“害得你那么惨”的主谋。

那年，我才十四五岁，被动地应付着这一切。现在，当我明白这一套心理逻辑后，我只想大喊一句：“啊！你这是在对我实施舆论绑架。”

父母控制子女，有时候也用这一招。

我们村有个老人家，因为儿子过年忙着工作没回家陪她过年，一气之下喝农药死了，说是要让儿子为他的不孝付出代价。

还有一些老人家，一到春节就心理脆弱。你接他出去过年？他不愿意。子女春节要加班，回不了老家过年，他就觉得自己被全世界抛弃了。

我还见过一个比较极端的案例是这样：一个70来岁的老头子，因为某年儿子没回家陪他过年，就故意穿上最破烂的衣服，抱着破席子睡到了大街上，逢人就说自己养了个不孝儿子，连过年都不管自己了。

就这样，他在想象中，完成了对儿子的“精神报复”。

就拿我最好的朋友的妈妈来说，她不愿意跟朋友出国旅游，甚至有时候连郊游都不愿意去，但只要朋友带着孩子出游，她妈妈就开启抱怨模式：“我为你付出了那么多，你就忍心丢下我一个人不管吗？”

朋友说：“我妈似乎总有办法让我无地自容，让我感觉到自己就是个大逆不道、人神共愤、千夫所指的恶人。我有时候甚至觉得，与其说她爱我们，不如说她潜意识里很恨我们。她用自虐的方式，试图让我觉得：她的一切不幸，都是我造成的。”

（三）不参与自虐者的剧情

在心理学上，通过自虐、自残、自杀等方式让别人内疚，都可以算是一种“心理控制术”。

一个失恋、离婚的人可能长久陷入抑郁状态，甚至想通过自杀的形式挽回那段已经失去的感情或者给变心的一方施加道德压力。比如，琼瑶小说《烟雨蒙蒙》中的陆如萍。

一个在职场遭受挫折的人，想通过自杀的方式引起众人的注意，以达到惩戒上司的目的。比如小说《欢乐颂》中的刘思明，因为被上司安迪批评了几句，就选择了自杀。

一个感到儿女不孝顺的老人家（他自认为的“不孝顺”），试图通过自杀的方式昭告天下：我的儿女不孝顺，我是被他们逼死的。

这些例子是不胜枚举的，很多人经历挫折和打击，也会难过和痛苦，也会有想一了百了的冲动，但他们大都只是在脑子里想一想，不会把自杀这事儿付诸行动，而有的人却会动真格儿的。

你会发现，他们表现出来的痛苦，跟他们实际经历的痛苦总是不太成比例。那些痛苦和创伤，总是被他们放大，进而达到控制别人的目的。

这种控制，可能是道德和舆论层面的，传达出的是这样一种意识：“你看，我变成这样都是因为你害的！是你把我害得这么惨，你将来也不得好死！”

有意思的是，如果身边没有人关注他们的痛苦，受害人的创伤感反而变得没有那么强烈了。很多试图用自杀来控制别人、报复别人的人，最喜欢把自杀这事儿搞得尽人皆知。他们也许真的是想寻死，但更多还是想“让别人知道他想寻死”。

这样的人，看着柔弱，很需要人照顾，但实际上心理上有非常强的控制欲，他喜欢一切都按照自己的意愿与安排来进行，形成自己的秩序感。

一旦发现外界和他人不按自己的意愿出牌，他的世界就会崩溃。

他无法面对这种崩溃，于是便采用自虐、自杀的方式，力求再度夺回控制权。

正常人看到别人为自己自杀，心理上会有很大的压力。余生每一天，他们可能都会生活在“人家都为你自杀了，你还对人家不好，那你还是个人吗”的罪恶感中。

在心理、道德、舆论的几重压力的围剿下，他们往往也就屈服了。也就是说，他们被更强大的一股“死能量”控制了、吞噬了，再没法活出自我、活得鲜活。

为情自杀的一方看起来像是弱者、受害者，但实际上，他们才是那段关系中的“强势者”“加害者”。

他们自己身处深渊，却要把别人也拉下深渊，因为有另外一个人陪着，自己在深渊中待着也不那么孤独了。

如果你心软，容易被“为情自杀者”要挟，那么，往后余生，大概也只能和他捆绑着往深渊里坠落了吧。

如果你不幸遇到那种试图用自罚、自虐、自残、自杀的方式来控制你的人，该怎么办?

我的建议是：不参与他们的剧情。

每个人多多少少都有点自虐情结，只要情节不是太严重，就不会给他人带来太大的困扰，我们甚至可以说，轻度自虐是自我心理防御机制。

弗洛伊德也曾说过，当人们无法避免一种痛苦时，就会将它当做一种享受，以此来接受这种痛苦。

最简单的一个例子：辣，其实是反舒适的一种体验，但很多人喜欢吃辣椒，就是因为辣的感觉让人觉得爽。

但是，过度自虐，甚至试图通过自虐的方式来控制他人，就是一种心理问题了。

遇到这类人，你唯一能做的便是：分清楚哪些是他们的事，哪些是自己的，然后，不过分参与他们的剧情。

很多善于用自虐的方式来控制他人的人，都有点表演型人格。你越是关注他们的痛苦和剧情，他们就越是“演”得起劲。当你不为所动时，他们或许也就觉得没劲了。

旁观者若是看到这种剧情，应该怎么办？应该把眼睛擦得更雪亮一些。

用自残、自虐、自杀等方式给别人施加压力的人，最需要的便是舆论支持。少了这种舆论支持，试图靠自虐控制他人的人，也会觉得“没劲”许多吧？

大家都是成年人了，每个人都要为自己的行为和决定负责，不要动不动就吵着闹着要让别人为自己的选择买单了。

第三节
被伤害过无需感到羞耻

（一）这不是你的错

我曾经接触过一个被强奸过的女性朋友，她用平静的语气给我讲了她的故事。

她说自己过了很多年之后，还是能回想起当初被强奸的每一个细节，比如，当天的天气、当时她穿的衣服、她走过的路甚至是事发地周围植物散发出的味道。

二十几年前，那是一个夏天，晚上九点多她跟同学一起看完电影后，各自回家。她平时就是个胆子比较大的女孩，回家有两条路，她走了耗时短但僻静的那一条道。

那条路，她走过很多遍，每一个角落都很熟悉。有一段路，大概有五六百米长，两边没有房屋。那段路的两边是玉米地，玉米要成熟了，长得有人那么高。玉米地的尽头，也没有村庄，是无尽的田野。

那天，她也以为只是平常的一次“回家”。

当时她穿了一套粉色长裙，背了一个斜挎包，快步往家走。

突然，她感觉到身后有人尾随，她以为只是赶路人，没怎么在意。

脚步声越来越近，再之后，她只感到有人靠近，然后，她脖子一凉。

一低头，她感觉到一把锋利的匕首硬邦邦地顶着脖子，同时听到一个男人的声音："别动！"

男人把她的肩膀箍得很紧，她顿时动弹不得。

连男人的样子都没看到，她先闻到了一股夹杂着酒味和汗臭味的来自雄性的气味。

她想叫，但"啊"字还没喊出口，就被威胁："敢叫，就捅死你！"

她不敢喊，害怕自己一喊，就会被割喉。

紧接着，她被男人架着走进了玉米地中央。在那里，即使她大喊，也不会有人听见。

她不知自己是怎么回到的家，只知道自己跑了好远终于跑到了亮处，跑到了有房子的地方，跑回家第一件事就是大哭，接着冲进浴室洗澡。她觉得自己脏了，浑身有不洁的感觉。

洗完澡，她才觉得浑身瘫软，身上半分力气都没有了。

一家人盘算着报警，但最后，她说服了自己，不报警。那时候，她也没有保留证据的意识，被强奸的痕迹估计也被洗澡水冲洗干净了。

之后的很多年，她试图淡忘这件事情，但总是忘不掉。她甚至后悔把这件事告诉父母，因为父母小心翼翼呵护她的样子更是让她想起被强奸的那一天。

从那以后，她再也没有吃过玉米。别人看到玉米地、闻到玉米叶的清香，可能会很开心、很兴奋，而她会远远避开。

那天的玉米地里光线很暗，她根本看不清强奸她的男人的样子，但她记住了他的体貌：人高马大，嗓音有点沙哑。

她后来也有找男朋友，但是，她害怕所有长得人高马大的男生，害怕所有嗓音沙哑的男生。她也厌恶所有喝酒的男孩子，闻到他们口腔里散发出的酒精味，她就犯恶心。

在那件事之前，她是一个很大胆的女孩子，去哪儿都独来独往。那件事之后，她很害怕独行。有时候去楼梯间倒一下垃圾，都不敢一个人去。

很多年后，她遇到一个天生酒精过敏的男生，其实那个男生相比其他那些喝酒的男生并不显得很出彩，还很依赖母亲，但她还是嫁给了他，因为他不喝酒，因为他知道她的过去后，并没有嫌弃她。

但是，在与丈夫相处的过程中，她常常觉得自己被强奸过就是不洁了，一直觉得自己低人一等。丈夫肯娶自己，她很感恩戴德，对丈夫极尽迁就甚至是迎合，跟公婆说话也是唯唯诺诺的。可她越是这样，她越是容易被拿捏，越是得不到尊重。孩子出生后，她的婚姻生活过得一塌糊涂。

她其实是有重生的机会的，但她被强大的羞耻感淹没了。如果当初她和她的家人能保存好证据去报警，或是有人告诉她“被强奸不是你的错，你在身体上、自尊上受到了伤害，但这一切跟你的道德都没有关系。你不必感到羞耻，你依然是洁净的、自尊的”，她的人生会不会不一样?

有个华裔女作家李怀瑜是哈佛大学毕业生，29 岁在爱尔兰乡间徒步旅行时，被一个 15 岁的男生强奸。她忍住不洗澡，先去报案，做了验伤和身体检查，提取到了施暴者残留的体液样本。

可是，直到上了法庭，她才知道施暴者未成年。在庭审过程中，男孩的律师说是她躺在草地上勾引男孩，男孩才跟她发生关系的，要不然男孩绝不会去侵犯一个比自己大 14 岁的女人，所以，她才是要接受惩罚的人，因为男孩未成年。

当时，好多舆论都在骂她是个荡妇，可后来随着铁证一样样被展示，而且男孩的过往也被扒出来，舆论才开始出现反转。这个男孩从小被母亲抛弃，父亲又是一个不学无术之徒，还曾因强奸罪和盗窃罪入狱，所以男孩没有受到过什么正经教育，只懂学着父亲的样子，用暴力去解决欲望和问题。

男孩被绳之以法，而这位女作家因为遭受很大的非议，一度陷入抑郁。作为一名受害者，她还要承受周围人投射给她的羞耻感，好像遭到性侵是她的错一样。

31 岁的时候，她把自己的经历写成了小说《生命暗章》。这部作品问世后，马上成为美国的畅销书之一，还拿了好多奖。她写小说，做演讲，她坚定地呼吁大家，遭到性侵并不是女性的错，性侵受害者并不需要感到羞耻。

40 岁左右，她结婚生子，拥有了幸福的家庭，成了她想成为的人。

（二）被伤害后，可能会产生“人质情结”

我有一个朋友，早些年就曾被伤害过。

那会儿，她读大四，在某家公司实习。那家公司平台很好，能给毕业生提供的薪酬、待遇也很不错，她很想留下来，而她的主管决定她的去留。

某天晚上，他留她加班到很晚。工作完成以后，他提出来送她回家，说现在已经很晚了，你一个女孩子回家不安全。

她想着大家都是同事，搭一下他的顺风车也不会怎样，就上了他的车。

岂料她回到自己所住的小区门口，才发现家里的钥匙落在了办公室。她提出来要回去取钥匙，他说，现在大门都锁了，保安都睡觉了，这时候回去找钥匙不大好。如果她不嫌弃，可以去他家对付一晚。

她犹豫了一下，然后说："没关系，我去住酒店好了。"

听她这么说，他下了车，把车后座的车门打开跟她说："都这么晚了，还去酒店花什么钱啊？我家有好几个房间，就我一个人住，不会让你太拘束的。"

他看了看表，说："要早点休息，明天咱还得起早出差。"

她一想，都已经十二点多了，这时候再去找酒店也挺麻烦，而且住一晚酒店至少得花出去两三百。明天一大早还得赶去出差，看他那么诚恳，就跟他走吧。

结果，就这一念之差，让她钻进了他的圈套。

到了他家里，他表现得特别绅士，单独给她收拾了一个房间，还给了她钥匙。她洗澡时，他把自己关在房间里，绝不走出一步。

她渐觉宽心，加上又很困了，倒床上沉沉睡去。

睡到半夜，她忽然感觉自己被一个身体压住了，是他。

她惊骇到不行，完全不知道他是怎么进来房间的。她用力挣扎、反抗、喝止，但最终因体力悬殊，还是……

第二天，她没去出差，直接跟公司请了假。当天晚上，她找到我聊这个事情，聊的过程一直在哭，问我该怎么办。我建议她报警，她说，她觉得这事儿说出去，不知道别人会怎么看她。而且，她也不想让家人担心。

这个事情，就这样不了了之。随后，她继续在那家公司实习。

又过了一两个月，她又打电话找到我，问我："我觉得我爱上他了怎么办？"

我大跌眼镜："这种禽兽你都爱得上？"

她说："他一直跟我解释，说他实在太喜欢我了，所以那晚情难自控。他说从我进公司第一刻起，他就注意到我了。我一开始没搭理他，不管他怎么献殷勤都没搭理，可后来，当他真的对我的态度冷淡下来以后，我又觉得我好像爱上他了。"

这个女孩后来和我慢慢断了联系，我只知道：她最终没能在那家公司留下来，而被那个主管侵犯过的女实习生，不止她一个。

她自述自己爱上了侵犯过她的主管，很有可能只是产生了"人质情结"。简而言之，就是指被害者因为无法承受被侵犯过的耻辱感，进而对于犯罪者产生好感、依赖心，甚至反过来美化和帮助犯罪者，以减轻这种耻辱感。

台湾女作家林奕含在写完《房思琪的初恋乐园》后，在家中上吊自杀了。在她死亡的背后，是她少时遭受男老师"诱奸"留下的严重心理创伤。那个故事里最让人震撼的部分不是男老师是个衣冠禽兽，而是故事中那个叫做房思琪的女孩子，最后强迫自己爱上了那个诱奸她的男老师。她在书里写："我不能只喜欢老师，我要爱上他，你爱的人要对你做什么都可以，不是吗？思想是一种多么伟大的东西！我要爱老师，否则我太痛苦了。"

我这个朋友会产生"爱上主管"的感觉，成因应该是这样的。

沉浸在这种虚幻的梦境里，的确是比面对和接受残酷的现实容易，但时间长了，她会发现：这不过是自欺欺人的开始。那根本不是爱。

爱的前提是什么？是尊重，包括尊重你的意愿。

法学上有“婚内强奸”这个词，也就是说：即便双方是同居关系的情侣或夫妻，男人如果违背女方的意愿强行与其发生性行为，也构成“强奸”。只不过，在实践中，因为取证难等原因，一方违背配偶意愿而强行发生性关系，即使情节严重，也很难被认定为“强奸罪”。

如果一方长期使用暴力强行与配偶发生性关系，造成配偶方身心受到重大伤害的，可以视具体情况，以“虐待罪”或“故意伤害罪”定罪处罚。

男女双方发生性关系，任何时候都不能用强。恋爱关系、婚姻关系都不能成为强奸行为的保护伞。这应该形成全社会的共识。

第四节 爱上“大叔”幸福吗？

（一）已婚“大叔”可不能爱

“大叔控”是指特别喜欢成熟的中年男性的年轻女性。这些女性大多对幼稚的、不成熟的同龄男性没有太多感觉，而倾心于有阅历的成熟中年男性。“控”出自日语，是指极度喜欢某东西。说一个人是“大叔控”，即是说一个年轻女性（18 ~ 25 岁），对大到可以作为自己叔叔的男人（40 岁以上）极度喜欢，这是中国传统上所说的“老夫少妻”“一树梨花压海棠”的时髦说法。简单一句话，“大叔控”们，就是一群喜欢“中年男人”的年轻姑娘们。

我身边确实也有一些年轻女孩子好像很容易被有房有车还有点小钱的中年男人吸引，毕竟，相比身边那些和自己同龄但一穷二白的小男生，中年男人看起来又富有又成熟，达到了自己“可望不可即”的人生高度。

我有个女性朋友，二十岁刚出头的时候，就完全看不上身边的男生，交往的全是中年男人。后来，她嫁了其中一个，对方的年纪足以当她爸。

在我们去哪儿都得挤公交地铁的时候，她出入都有车接车送。我们只舍得买地摊货的时候，她带着老公去高级商场各种买……当然，在我们的男朋友能陪着我们去看电影、看演唱会、满世界旅游的时候，她男朋友总是没空。

她一直在体制内工作，虽说收入不是很高吧，但胜在稳定。可是，她和丈夫结婚十年后，丈夫的生意不行了，越做越亏。亏了又不服输，总想东山再起，结果就是债台高筑，所以，现在，她们家基本都是她在养家、养娃。

唯一让人感到欣慰的，就是：随着双方经济地位发生逆转，她在家庭中的话语权乃至脾气都变得很大。年轻时候，是她让着、哄着老公过日子；现在，是她老公让着、哄着她。

现在，我们都已经到了将近四十岁的年纪，前段时间她跟我说她想离婚，说自己当初选择一个同龄男人就好了，或许现在就不必过得这么辛苦。

我回复她："时光倒流的话，同龄男生你也看不上啊。而且，像我一样找了同龄男生的，最后不也得靠自己？人生路就是这么凶险，女人最终都得靠自己。如果靠别人，我们终究也要拿东西出去交换的。年轻时候我们不相信，那是因为还没走到最后。"

另一个女友年轻时候也爱上了一个"大叔"，而且还是已婚大叔。

从名牌大学毕业后，她进入一家国有大型企业工作，身边有不少优秀的男孩子追求，可是她偏生对和自己年龄相仿的男孩子目不斜视，打心底里觉得他们都很幼稚，但是她非常青睐比自己大十岁以上的"大叔"。

接下来的剧情无比俗套，大家都不用费劲猜。无非是她后来跟一个比自己大十几岁的男人结识，男人身上那种很成熟、稳重、儒雅的气质让她着迷。工作上频繁的接触和生活中的互相关照，让她对他渐渐产生了不一样的感情。

然而，他毕竟四十好几了，有老婆孩子，事情终于发展到千篇一律的"原配、第三者大战"的俗套剧情上去了。

两年下来，三败俱伤，她没转正，原配也跟“大叔”离了婚，大叔单身两年后另娶娇妻，谁也没捞到好处，倒是三个人都捎带伤害了个无辜的孩子。

早些年我劝过她，你可以喜欢“大叔”，但至少有三点你必须知道：

第一，生活没有捷径。你得到什么，就必须要付出什么。

第二，一个男人如果已有妻室，还能被你勾引，说明他自己本身就不是好人。别跟我描述你们“惊心动魄”的爱情，也别向我强调他和他老婆早就没有了感情。一个真正会对两个女人都负责任的男人，完全可以先离婚再和你恋爱。

第三，“大叔”现在能给予你的，是年轻男孩子以后能给你的，但年轻男孩子现在能给你的，“大叔”永远也给不了。当然，前提是，年轻男孩子老实。

她听完，一字一句地跟我说：“我为什么不爱年轻的男人？是因为他们的鲁莽和幼稚叫我一见就丧失兴趣！更令人失望的是当今社会的风气，真的是‘十个男人九个渣，第十个在想要不要变渣’。如果青春始终是要失去，而一个女人在大多数情况下都要被辜负，那不如就选个当时能带给自己更多快乐的人吧。”

我目瞪口呆，只能沉默，因为这类故事的结局，早就写在开头了。

（二）要学会对所谓的成功男人“祛魅”

电视剧《蜗居》火遍大江南北的时候，很多女网友做梦都想找一个宋思明那样的男朋友，可我从来不觉得宋思明对海藻的感情算是爱。在我看来，它更是一场以年龄优势、权力优势、资源优势、心智优势为筹码，对不够独立、想走捷径的小姑娘的围猎。

宋思明和海藻的关系，更是猎手与猎物的关系。他物化妻子，也物化情人，除了他自己，事实上他谁也不爱。他呵护的，也一直只是自己的欲望。妻子和情人，都不过是他欲望的投射而已，是承载他的欲望的载体。

宋思明这样的男人，到了我面前就是会自动“祛魅”的。我最烦中年“大叔”吃个饭都要吧唧着嘴给我灌输他那些人生大道理。

对于已婚男人，更是退避三舍。一旦一个男人在已婚的情形下来撩拨我，那么，我内心首先就先看不起他。既然“看不起”，那自然也就“爱不上”。

早些时候，我在职场中只是一个“小透明”。有一个有妻有子的领导，老给我发一些暧昧短信。不回复他的话，确实不大好，所以，我也回复一些客套话，但每次回复都加上一句：代我向你老婆和孩子问好。

某次，我跟他主动聊起《蜗居》这部剧，我说我对宋思明深恶痛绝，如果我是海藻，真想替他老婆用大耳刮子扇他。他听了，很尴尬，我装作没看见。一来二去，他可能觉得我不会上钩，终于消停了。

另一个已婚男老板，我去他那里出差，他借口来酒店房间看看我，来了以后就赖着不走，一进房间还把鞋子脱了，光脚在酒店地毯上走，还把外套也脱了放在我床上……我见状，立马起身把酒店房门打开，用行李箱顶住，不让房门关上。他跟我有一搭没一搭聊了聊，我就不停看时间，最后跟他说：“你啥时候走啊，我困了。”

他终于灰溜溜地走了，我下一秒就联系酒店前台，加钱换了房间。

女性的成长，有一个关键的步骤是：对所谓的成功男人“祛魅”。

女孩子年轻的时候，特别容易被男人身上的事业光环、财富光环、学识光环等所吸引，然后接受他们全方位的洗脑。可越是这种时候，越要保持警惕心和独立思考的能力。

当你完成了对成功男人的这种“祛魅”过程，你就会用更平等甚至悲悯的眼光看待对方，不会再轻易落入对方的光环和陷阱之中，不会再用对方所持的价值评判体系去修建和重塑自己。

当然，也有很多女性是需要成熟男性去引领自己的。但这真的是引领吗？当你的自我意识觉醒的时候，这段关系乃至你的整个人生都充满了凶险。

还是拿《蜗居》为例，剧中的宋思明给婚外情人郭海藻洗脑，有一段是这么说的：

“你知道吗？有个富翁，他很有名。他有一妻好几妾。他把他所有的家产都交给妻子的孩子打理，而对妾的孩子，却明令禁止他们涉及商业。做律师也行，做医生也行，甚至教书，只是不许涉及家族产业。我们旁观者都忍不住感叹说，妻子在丈夫的眼里，永远是最珍贵的，他只把自己的事业交给妻子的孩子，他只认为那是他的骨血。前一阵，我与他有过一次长谈，难得他谈性很浓。他说，不是的。他爱每一个孩子，每一个孩子都是他的肋骨。但是，作为妻子，她在那个位子上，她就担负着责任；那些孩子，无论多么凶险，他们都得扛着。这就是使命。而其他的孩子，他要尽力保护他们，让他们免于伤害，让他们过正常人的生活，远离是非和恩怨。别人如果寻仇，也只会寻到他的继承人，放过其他的子孙。他说，我的良苦用心，你是不会懂的。”

郭海藻智商不高、见识短浅、独立自主意识不强，被宋思明哄得一愣一愣的，可这个故事最大的逻辑破绽在哪里？

以宫廷斗争为例，没抢到皇位的孩子可能会被抢到皇位的孩子赶尽杀绝，命都保不住。权力就是保护伞，没有权力你处境凶险，你的存在对别人来说就是个威胁。同样，富翁的妾生的孩子，若是没有安身立命的家业和本事，那他们把富翁给的钱花光以后可能就变成废物。

“授人以鱼不如授人以渔”的道理，二十几岁的郭海藻根本想不明白。对于得了“软骨病”、幻想不劳而获的这类女性而言，一听到“扛起来”“风险”等字眼，腿就先吓软了。可是，当她遭受过社会的“毒打”，明白“靠山山倒，靠人人跑，靠自己才最好”的道理后，可能已经错过了人生的“最佳奋斗窗口期”。

说到底，人生其实真的不存在“白拿”这回事。你得到的一切，都是用“付出”换来的：付出青春、付出时间、付出体力、付出耐心，甚至于，付出过另一种人生的可能性。

（三）年轻时偷过的懒，终有一天需要加倍还回去

一个大学女同学，长得蛮漂亮，上大学的时候就跟我们眼里的“社会人士”谈恋爱。

那时候，我们都是穷学生，一个月只有三百来块生活费，经济上大多捉襟见肘。比如，我们都不敢下馆子，更不敢随便请人吃饭，毕竟，一顿饭就能花掉我们半个月生活费啊。而她的吃穿用度远远好过我们。

当然，这些都是她已经参加了工作的上海男友给的。我们攒几个月的家教费才能买一部手机，而她男友直接送了她最新款。我们去服装批发市场买十几块一件的 T 恤，而她男友带她去高级商场买衣服。她用的洗护用品，也比我们的好。我们去到哪儿都首选公交、地铁，而她男友直接给她打钱，让她出行都打车。

她跟我们说："你们不要跟学校里这些穷男生谈恋爱，他能给你什么呀？当你真正用过好东西、见识过成熟男人，就看不上他们这一款了。"可是，我们几个都"很负她望"地选择了跟同龄穷男生谈恋爱。

她毕业后就跟男友结了婚，当了全职太太，拿到了上海户口。那会儿上海户口还挺难拿的，我当时找工作时就是因为很多单位不给解决户口问题，才跑到了广东。

我们汗流浃背地到处挤招聘会、投递简历、面试找工作时，她完全没有这方面的烦恼。对于一个外地女孩子来说，她当时的处境比我们要好太多了。她一结婚就有上海户口，就有上海的房子住，而且都不需要操心工作的问题。她不工作，老公也养得起她。她的吃穿用度，还是我们当中最好的。

而我毕业时都在干吗呢？为了以最少的经济成本找到一份还过得去的工作，我曾经在火车站席地而睡，也住过 15 块一个晚上、床单脏到根本睡不下去的招待所。最绝望的时候，我也曾经无耻地想过：早知道当初她给我介绍有北京户口的"社会男人"做我男友时，我就从了算了，我干吗要找全班最穷的男生做我的男朋友？

当然，这个念头，我只是想想而已。如果时光倒流到那时候，听到那个"社会男人"跟我说"你跟我好，我就给你买一部最新款的手机"时，我还是会扭头就走。

我们几个女同学当时面临的境况都差不多：我们哪怕找到了一份工作，首先也得考虑租房问题。每个月工资发下来，至少有三分之一要拿去交了房租。像我的话，还得先偿还国家助学贷款。为了省钱，我都舍不得买空调，只买了个电扇，后来挨不住广东的酷热，才咬牙买了一台空调，但我一直没有买冰箱、洗衣机、热水器，就是为了省下钱来，去偿还助学贷款。

而那时候她要啥有啥，她人生最大的烦恼来源于：丈夫有一个啃老的弟弟，明明有手有脚却不出去工作，一直在家闲着。以前是靠父母养，后来父亲去世、母亲生病了，就靠哥哥养。她觉得丈夫弟弟的存在，侵害了自己的利益。每次跟我们聚会，都要抱怨上半天。

毕业后，我们纷纷奔赴社会。参加工作后，我们自己有收入了，买得起学生时代用不起的东西了，发现当初她享用的那些物品好像买起来也不大贵。

也正是因为我们都是赤手空拳到一个城市里打拼，不想永远租房就得自己买房子，然后，我们几乎都在毕业几年后，砸锅卖铁凑钱交了首付，赶上了房价上涨的红利。

到了中年，我们的收入水涨船高，再回想当初她能消费得起的东西，竟觉得便宜。

我们几个当然也谈恋爱、失恋、结婚、生育、离婚（就我离了），她则一直安稳地待在婚姻中，后来也怀了孕、生了子。她老公比她大将近十岁，当我们和我们伴侣事业处于上升期的时候，她老公在职场却越来越心有不逮、力不从心。当我们当中有的人已经坐到了副科级甚至副处级、副总经理乃至董事等位置时，她老公还是原地踏步。

再一计算家庭年收入，我们几个是她家的三四倍。而她大概是跟我们找不到什么共同话题，后来跟我们渐行渐远，直到最后断联。

我最后一次听她的消息，好像还是老样子。她依旧做着家庭主妇，依旧抱怨老公的弟弟啃哥哥，但抱怨内容多了几点：老公在事业上不长进，儿子在学习上不省心，没想到北京房价会涨又想着自己有得住就一直没有买房，现在一家三代五口人（婆婆、丈夫、她、儿子、丈夫的弟弟）挤在一个三室一厅的（楼梯房）。

在她面前，其实我真没什么优越感。人活在这世界上，各有各的不得已和心酸。我们每个人都有各自的劫要渡，情劫、钱劫，都是劫。说起来，一切都只是选择。

我只是觉得：女孩子年轻时找“大叔”也不是不可以，但一般来说，你在年轻时能遇到的“大叔”，可能也就比同龄男孩好上那么一点点。这种“优势”是年龄带给他的，而不是“本事”本身。假以时日，你会成长，同龄男孩子也会成长。当你们都长到和“大叔”一样大的年纪时，你会发现，当初“大叔”的经济水平简直不值一提。

我们现在回到农村，为什么会觉得小时候见过的石桥、院墙变矮了，小时候读过的小学、住的村庄变小了？不是因为它们真的变矮了、变小了，而是我们长高了，我们的见识增长了。

年轻人穷点没关系的，绝大多数人都不是含着金钥匙出生的，但你要相信自己会成长，相信时间能产生复利效应，相信自己也可以亲手创造出令人艳羡的价值。

不然，你会发现：我们年轻时偷过的懒，终有一天需要加倍补足回去。

可也许那时我们已经人到中年，再也找不回一穷二白时那样勇往直前的冲劲。即使有冲劲，可能命运也不会再给你实现人生逆袭的时机了。

（四）爱一个温暖的人，不管他是不是大叔

年轻姑娘可以爱“大叔”么？我的答案是：当然可以。任何人你都可以爱。

任何人都不应该因为自己的年龄、身份、外在条件等东西，而被剥夺被爱的权利。我们爱的，是某个具体的人，而不是某个群体中的某个人。

我身边也有很多的年轻姑娘，嫁了“大叔”后过得很幸福的。但是，更多老夫少妻，婚后生活一言难尽。

这种组合中，一般男的都成功、有钱，女的都年轻、漂亮。男的生动演绎了啥叫“你我本无缘，全靠我有钱”——当然，你也可以理解为“全靠有真爱”。但不管是不是真爱吧，“有钱”“有名望”等一定是促成他们有缘的必要条件。功成名就的“大叔”娶了这样的老婆后，周围人会投来艳羡的目光：“哎呀，你可真是人生赢家啊。”

从这类“大叔”的择偶倾向，我们大抵可以看出他们的择偶需求：年少时候，找个同龄的伴侣和自己一起携手奋斗，或释放自己的青春荷尔蒙，或是借助伴侣的力量往上攀登。功成名就后，找个年轻貌美的伺候自己的衣食起居，带出去也“拿得出手”。再不济，“少妻”也能带给他们视觉上的满足、精神上的年轻，让他们产生“我还年轻”的幻觉。

反正，自始至终他们在择偶时都会“紧扣自己的需求”。只不过，因为魅力值不同，眼光不同，找的人不同，他们的结局也各不相同。

“老夫少妻”的婚姻模式中，一开始往往是老夫占优势，但随着时间流逝，少妻慢慢开始占主动权。也就是说，金钱很多时候还是会输给年轻。金钱不怎么稀奇，因为它会流转，从一个人手中到另外一个人那里，但年轻对每个人都稀奇，因为飞逝的时光不可逆。

能娶得起少妻的男人，也不是一般人。一无是处的穷大叔，可能连老婆都娶不到，更不要说“少妻”。能让“少妻”嫁给自己的老男人，某些方面肯定有过人之处。同样，能让有钱、有名望的“大叔”产生迎娶冲动的年轻女人，也不是太普通的人。不管老夫少妻能不能白头到老，少妻的结局一般不会比老头差；再不济，她们还年轻，如果足够有脑子和执行力的话，也还有大把的机会可以再启程。当然，如果“少妻”习惯了安逸的生活，再无法支棱起来去奋斗，而且，这条路是她主动选择的，那就又另当别论了。

我只是觉得，年轻姑娘应该要对追求自己的“大叔”，不，是所有的男人，保持最基本的戒备心。

很多“大叔”，功成名就但假装单身，他们有身份、有地位、有人脉、有资源，也深谙搞定女人芳心的套路。他们像是夜里的灯光，因为稀缺，总显得耀眼。他们就站在那里，连诱饵都不用放，可能都会有大把的飞蛾朝他们扑过去。而你，是不是也要做其中一个？也要相信他至今依然单身且只爱你一个的说辞和誓言？

我们在年轻的时候，可能没有房没车没钱没人脉没资源。如果你没有一个好的出身，那你除了踏踏实实为未来铺路，别无他途。这时候，忽然出现一个踩着七彩祥云来接你去天堂的大叔，你是不是也需要思考下：上了他这趟船，自己需要付出怎样的代价？

没有人会无条件、不要回报地拯救另外一个人，就算是给街头的乞丐扔两个硬币，捐赠之人也是有所图的，图自己心安，图一种自己在做公益、献爱心的崇高感。

“大叔”哪天说要拯救你于水深火热之中，你可以相信对方是真爱你，但也要对此保持最起码的戒心。那种结了婚还来撩拨你，不停给你“画饼”但不兑现的“大叔”，还是远离吧。

抓住眼前自己能把握的，才是最重要的。

哪些是眼前自己能把握的？说白了就是：保持上进力和学习力，不断煅烧自己，万事靠自己，保持对安逸的警惕，保持对命运的敬畏，保持独立之精神，保持抗击打能力，在残酷的世间一步一个脚印，踏踏实实勇往直前。

第五节
穷不是原罪，但自卑是

（一）我也曾经深深自卑过

从小家贫貌丑，我自卑了好多年。刚上大学的时候，这种自卑更是到达了顶峰。

为啥我上了大学后就更自卑和郁闷呢？因为我在丽江好歹算是一个高考文科状元，是“鸡头”，可到了北京就是凤尾。不，我连凤尾都不是，是凤尾的尾。

我有好多同学是老家的市状元、县状元。我那点能在云南拿市高考状元头衔的分数，若是在这些省份报考大学，估计只够上个一般的大学。

上英语课，同学们一口流利的英语，而我连普通话都说得不利索，说英语更是舌头打结，满面通红也憋不出一个单词来。老师点名让我站起来回答问题，我就心虚、冒冷汗。高中时候光顾着对付英语考试了，我根本没练习过口语，口语基础差到不行。

上电脑课，同学们在键盘上打字，打得噼里啪啦，而我这种从没摸过电脑的新手，连鼠标都不会用，不小心把网页关了就不知道怎么把它弄出来。那时候我们上完电脑课还得用软盘交作业，一个简单的 Word 作业简直要难死我。

上数学课，也自卑。微积分我就是搞不懂，而我有同学在高中阶段就学了这些课程。上文化课，同学们踊跃回答问题，谈吐自信，而我只想缩在教室角落里，生怕被老师揪出来“示众”。

那时我家里又穷，上大学的路费都是企业赞助的，学费和生活费则是贷的国家助学贷款。我根本没钱买好看的衣服、没钱用 BP 机（那个年代还不流行手机）。别的同学过年回家坐飞机，可我连半价火车硬座票都嫌贵。再看看打扮得花枝招展、举止大方的同学，我就更自卑了。

再说长相，云南紫外线强，云南人普遍皮肤黝黑。军训时，除了教官外，我肤色就是最黑的。我本来就长得不大好看，加之肤色黑、没钱打扮，我对自己的长相也很没自信。

社团活动我参加得少，是因为我根本不敢挑战自己。初高中就只顾着学习了，一门心思只想跳出农门，我哪有时间和金钱发展什么兴趣爱好和特长？跳舞？不会。唱歌？不会。弹吉他？不会。演讲？不会。辩论？不会。我真是啥都不会，啥都不行，我只能像看“男神”“女神”一样，看着同学们在舞台上闪闪发亮。

同学在班上表演《大话西游》的片段，我一脸懵，不知道“至尊宝”是谁，也不知道“紫霞仙子”到底是什么角色。北京的同学早就熟悉用电脑聊 QQ、发邮件，会用 CD 机、MP3，而我还跑去新街口买磁带，去大钟寺买寄信用的邮票。

上体育课，我也自卑。比如，上游泳课，我只想躲起来。老家虽然有湖，可我只会戏水，不会游泳。从小到大，我没穿过泳衣，也没去过游泳池。教我们游泳的还是男老师，我穿上泳衣就觉得全世界都在盯着我看，险些连路都不敢走。

喜欢写作吧？但那会儿人家社团需要的稿件都要提供电子版，而我连打字都不利索，也没有电脑，又没钱去网吧。手写了一沓沓文稿，投不出去。

我读的是法学专业，不是师范院校，找兼职非常不容易。做家教吧？人家倾向于要师范生。发传单吧？总找不到活儿干。没钱出去玩，又有大把时间，我就只能去泡图书馆，好歹里头有免费的空调和暖气，逼着自己博览群书。其实，阅读是一个非常枯燥的事，但我能干吗去呢？干吗都得花钱啊。

我的成绩也不大行，主要是我对法学不是很感兴趣，有时还逃法学课，去新闻系、中文系听课。每次考试，我都是踩着及格线通过。没挂过科，但也考得不好。在法学学习上，我花的心思确实也少。

一个单纯靠成绩从云南贫困县山旮旯里走出来的农村姑娘，突然被扔进首都那样一个全国最繁华的大都市里，跟来自全国各地的、身怀绝技的同学同台，我还没开始自己的表演就先被吓傻了。

我这种没见过世面的农村孩子，被大城市的光芒吓得没回过神来。像是一只不敢见光的老鼠，仿佛谁跑来大喊一声，就要窜进下水道里。

我真的差不多花了整整两年时间，才慢慢克服这种自卑，并且慢慢和同学缩小差距。我也是和他们在一起，才知道了自己起点有多低，想要追赶上他们得多费劲。

浑浑噩噩的，自卑着，郁闷着，一晃眼就大学毕业了。回首大学时代，我好像真没什么拿得出手的东西，无非就是爱阅读、爱写作。有时候我也会投稿，但稿件总是石沉大海。

大学时我也没拿过奖学金，我觉得自己光追赶他们就已经用尽全部力气，哪还敢谈超越？真谈超越，那是毕业十年以后的事了。

我感觉大学时光带给我最大的收获，是让我见了一场世面，完成了从“农村人”到“半个城市人”的转变。那是我融入大城市生活、大城市文明的开端。

现在想来，我还是觉得很遗憾。如果我能稍微自信点，或许就不会把大学生活过得那么仓皇而迷茫了。关键是，这种习惯性自卑以及关键时刻的怯懦，让我过得更辛苦，也阻挡了我成为更优秀的人。

比如，因为担心被同学歧视或是担心他们用异样的眼光看我，我达到了申请贫困助学金的条件，但依然迟迟不敢去申请这笔助学金。我也担心我拿了这笔钱，将来哪天我出去下一顿馆子，都有人戳着我后背说我“装贫困”。

有人给成绩优异的贫困生发奖励金，我作为学生代表上台发言，第一反应是感到有点羞耻。我需要那笔钱，但我不想成为别人表演慈善的道具。反正，活得很拧巴。

有一回，我们班两个男生吵架，一个骂另一个“农民”。我在旁边听着，没有开腔，但我难过了一下午，因为我觉得我家所有人都是农民，而农民怎么居然成了一句骂人的话。

上大一的时候，我去申请国家助学贷款，但因为没有满 18 周岁，手续有点麻烦，我需要单独去跟老师沟通，我去老师办公室沟通时，老师忙着跟其他人说话，没怎么搭理我，我就觉得自己受到了歧视和漠视，就把贫困证明揉成一团扔进了垃圾桶，惹得老师赶紧跑过来抢救。其实老师压根儿不认识我，也不知道我进他办公室是想沟通什么事情，我的行为确实过激了。

我不敢跟家庭条件太好的同学玩，担心他们看不起我。有些家庭条件比较好的人不大待见我，我认为人家一定是因为看不上我出身。现在想来，如果人家跟我兴趣点迥异或是觉得我这个人很无趣、人品不好，人家也可以不待见我啊，倒不一定是因为出身。

参加工作后，我也有这样的倾向。我跟家庭条件好一点的同事，总是很难玩到一起去。或者，我潜意识里，并不太乐意跟她们来往，因为我总担心跟她们找不到共同话题。

我曾经一度害怕跟领导打交道，不怎么敢正视他们的眼睛，俨然我多跟他们打一些交道，就是谄媚行为，是攀附行为，是拍马屁，是背叛了我原先的阶层，是丢掉了我作为知识分子的节操。

我觉得自己活到这一把年纪，很多事情做不成功或不那么成功，很大一个原因就是缺乏自信。在已经逝去的那些年里，在事业上、感情上、投资上，我不是没有过机会，但最终，我没有能把握那些机会，究其原因，就是不大自信，不相信自己能行，不相信自己配得上，不相信自己的直觉是对的。

曾经有个领导，看重我的写作才能和逻辑思维能力，把我单独叫到办公室，问询我的职业规划，问我想不想学别的业务。

我回答："我就喜欢做目前从事的文字工作。去做具体的业务，我也怕自己做不好。"

领导摇了摇头，放我走了。

很多年后，我才明白：这样的机会，不说万中无一，但百中无一是肯定的。而"学习别的业务"，未必就远离文字工作。

据说，领导随后叫了另外一个同事，问了人家同样的话，人家立马回答："我愿意学的，希望领导给机会。"

几年过去，人家逐步得到重用，步步高升。我也升了职，但看起来更像是努力干活后得到的"安慰奖"。

比如，曾经很火的《非诚勿扰》《超级演说家》《和陌生人说话》等节目的编导，看了我在网络上发的文章后，曾经找过我，问我是否愿意上节目。

我回答："我长得不好看，身材微胖，演讲能力也不行，怕被熟人看到，不去了。"

以上举的两个例子，未必很贴切，因为即使我勇敢地抓住了机会，结局可能也是没水花。而我之所以回忆起这些往事，是因为我发现自己连尝试的勇气都没有。

遇到一个机会或是挑战，我的自卑心理会泛上来，第一反应便是：我行吗？我恐怕不行吧？

更早的时候，有同事劝我大力买入优质原始股、买入广州的房产，我怕风险，怕钱投进去了之后打水漂，在投资方面一直畏首畏尾，生怕掉坑。

那时候，也有人给我介绍相亲对象。对方家境很好，也欣赏我的人品、才华，但我愣是没去，理由是：我怕我配不上这样的家庭，嫁过去了怕被欺负。

家境贫穷带给我的自卑，跟随了我很多年，以至于我一直对自我的评价偏低。比如高考，我们是先估分后填报志愿，我最后考出来的分数比我估的分高了八十多分，严重影响了我的判断，让我在填报志愿时趋于保守。

随着我参加工作，兜里慢慢有了点钱，也积累了一些底气，真不该再那么自卑了，但很多时候我还是会习惯性打压自己：你不行，你不好，你不优秀，你不完美，你肯定做不成。

站在三十几岁的人生端口上，再看看那些已经远远把我甩在后面的同龄人，我觉得其实人家的天分、努力程度也没有比我好很多，只是在面对机会的时候，他们敢于站出来，去拿，去要，去争取。

我从小自卑，一路能狂奔到现在，靠的不是自信，而是叛逆，那种"别人打压了我，我非要反弹给别人看"的叛逆。

你说女子不如男是吧？那我们考场上见真章。你说我不行是吧？那我证明给你看，我可以。这种憋着一口气的努力，比起那种带着浑然天成的自信和勇气往前狂奔的努力，到底是差了些。

我真的是花了将近三十年的时间，才治好了我这种精神内耗，才慢慢活得更开阔一些。

回想起这些“弯路”，当然不是白走的，但如果我能尽早开阔一点，或许我的人生会比现在更光彩一些。

（二）众生平等，不卑不亢

我曾经看过一个女经纪人的故事。

某女演员曾说，这位经纪人是她见过的最自信的女人。这位女演员刚出道时，走红毯很没有安全感。但作为新人，她又不能带工作人员，女经纪人就悄悄跟着去了。到了入口，女经纪人被保安拦住，只见她神情自若地掏出一条金光闪闪的披肩对保安大喊：“你不要碰我！我告诉你，你不要碰我！我是嘉宾，你不要碰我！”

保安被她这种强大的气场镇住了，放她进场。女演员一回头，发现经纪人真就坐在了她旁边。

我试想了一下：换我遇到这种事情，会怎样？

可能我会因为没有入场证而心虚，人家拦住我、不让进，我可能也就退出去了。

这位女经纪人刚毕业时，就想办法要到了娱乐圈著名经纪人前辈的电话。

那时，这位前辈已经是大咖，而女经纪人还只是一个小小的办事员，可她居然千方百计要到前辈的电话，说她想向前辈学习做经纪人。前辈被她打动，让她进入自己的团队，而女经纪人那时候才 21 岁。

她从来不会因为自己长得胖而心生怯心。不洗头，不化妆，不“美颜”，她也敢晒出自己的照片。跟貌美如花的女明星合影，她丝毫不怯场。别人对她的评价，丝毫影响不到她，她的名言是：“不喜欢我？那是你的问题。”

这位女经纪人能获得成功，绝不是偶然。她身上那种“我不配，谁才配啊”的自信和勇气，正是“曾经的我”欠缺的。

看电影《泰坦尼克号》，我反复刷的一个桥段不是杰克和露丝的爱情互动，而是杰克参加露丝的家族聚会，在一群装模作样的富人面前不卑不亢地侃侃而谈。面对一群想要刁难他的富人，他非常坦诚也非常笃定。如果我是露丝，我一定会为他着迷。

有人说如果他不死，露丝跟他结婚了，婚后肯定一地鸡毛。可我不这么认为，我认为杰克是干大事的人。要知道，泰坦尼克号沉没的那个年代，美国是一片待开发的荒土，一切都在野蛮生长。杰克有这样的自信、气度、心胸，他一定可以干出一番事业来，也能给露丝一个幸福未来的。

我想，我们之所以会因为自己穷或是不够美貌而自卑，是因为我们不自觉地认同了“你穷、你丑，你就低人一等”的价值观，可如果你不把这套价值标准当一回事呢？你是不是也可以跟泰坦尼克号上的杰克一样，拥有自信的谈吐和不卑不亢的气质了呢？

我后来是怎么改变的呢？是我身边出现一个女性朋友“点”醒了我。

她的父母是双职工，她还是独生子女，家庭条件是比我好很多，但也不至于好到哪里去。但是，不管跟谁交往，她身上都有一种特别敞亮大方、不卑不亢的气质。对待比她条件差的人是如此，对待比她家境、条件、收入、职级高很多的人也是如此。

绝大多数人面对身居高位的人，心里都是有点发怵的。而面对比自己位置低的人，又是比较放松甚至怠慢的。她不是，她对所有人都一视同仁。

而且，因为这种气场，她吸引来的都是条件相对比较好的人，最后她嫁给了收入高她很多倍的老公。但在老公面前，她也是不卑不亢、平等视之。而她老公之所以选择她，也是因为她没有谄媚之气。

为什么她跟所有人交往，气场都能那么足？我问过她这个问题。她回答：“都是人啊，大家都是平等的啊。你心里没有阶级和等级，那你跟任何人打交道都不怕。”

这一席我听过无数次的话，只有在那一天由她说了出来，才真的点醒了我。

我也在反省：为什么我会因为贫穷、相貌一般、职级低微而自卑？说到底，是因为我内心深处有阶级感，我也会按照一些外在的东西把人分成三六九等，再根据这些等级，去调整我对待他们的态度。从某种程度上来说，我这何尝不是一种势利？

但如果，你骨子里就是认为“众生平等”呢？你到了比你资源多的人面前，是不是还有自卑和谄媚的必要？别人在某些方面优秀，你表达佩服和敬仰就行了，是不是一定要硬生生地避开？

从那以后，我才真正变了一些，在很多事情上都变得更无畏了，也不会再那么敏感了，不那么容易被冒犯了。并且，敢于伸手去抓住属于我的机会。

比如，我会请求相熟的人给我介绍客户资源，不再惧怕被拒绝；我会主动向图书编辑营销我自己，争取得到更多出版机会；一个中间介绍人给了我一线机会，我就适时抓住，加入了中国作家协会、民主党派，又链接到了更多人；我脱掉“孔乙己的长衫”，发挥“胆大心细脸皮厚”的精神，尝试整合身边的资源，开创了我现在的公司。

当你真正接纳自己的一切，当你把“众生平等”这种概念贯彻到骨子里，其实你也就不那么容易感到自卑或是被冒犯。这样一来，你看待世事时，才能更接近本质。而只有接近了本质，你才能更好地作出正确和科学的人生决策。

看现在短视频赛道上冲出来的很多“口力劳动者”（靠演讲吃饭的人），我觉得他们的共同点就是非常笃定和自信。一个道理，如果用非常笃定、自信甚至武断的语气说出来，会显得特别对，特别毋庸置疑、不容分辩。这种气势本身就能对普通人的心理形成吸引甚至碾压，因为人群中有太多犹豫、自卑、怯懦的人了。

从身边这些优秀的人身上，我看到了我自己“卑和亢”的部分，看到了我欠缺的自信和胸怀。也从他们的身上，看到了一个人到底应该持怎样的认知和思维，才能让自己过上更好的生活，走上更开阔的人生道路。

（三）让自信与底气形成正循环

最近，我看一个从二十岁红到七十几岁女明星的采访，感觉她真的特别自信，特别懂得引导别人夸奖自己、对自己好。她会说，自己是中国最好的演员；别人说她扮嫩，她就说自己就是这么年轻，而且演技好；她还说“你喜欢我，证明我有魅力”，而不是像一般人一样说“我谢谢你喜欢我呀”。而且，她的这种自信不是装出来的，是她真诚地觉得自己就是这么好、这么优秀、这么有魅力。

在一档电视节目中，她跟前夫会面，还能一直引导前夫在节目里夸奖自己、对自己好。我觉得她的这种自信，真值得我们女人学一学。我们当中很多人是在被打压的环境中长大的，太容易自卑、自省、自谦了，甚至充满了“不配得感”。

在这里，我还讲一下我一个朋友的故事。

我开玩笑称她是“三不女人”：不学无术，不求上进，不亦乐乎。

少年时代，她就读不进去书，学历也低，不爱看书，一钻研业务问题就头疼，是世俗眼光中的“不成器女孩”。但是，她出生于小中产家庭，长得好看，身材高挑，举止自信，情商高，跟谁打交道都不怯场，跟各类人都能玩到一起去。

我那时候跟她在一个单位，她是前台文员。别人做前台，就是做前台，她却能跟高管、中层、员工打成一片。我们讲的很多话题，她都不懂，接不上话，但她不会不懂装懂，就是很坦然地承认自己不懂、无知，然后爆发出爽朗的笑。我们单位那时候在一个甲级写字楼，有时候需要跟大楼的物业公司和保安打交道，她跟物业公司一个小姐姐玩得很好，还认识了一大堆保安，帮单位解决了很多沟通壁垒。

那时候，她在老家有个开公司的、条件很好的男朋友，后来她在职场中遭受到性骚扰，干脆回到家乡，过了几个月闲云野鹤的生活。这种生活过得无聊了，她又找了份工作，再后来干脆辞职开餐馆。

餐馆还没盈利呢，她就认识了她现在的老公，是体制内单位一个收入比较可观的“黄金剩男”。两人相亲时，她会被她老公看上，很大原因是：别的女人见了她老公，姿态比较谄媚或是讨好，就她对他爱答不理，激起了他的兴趣。

两人后来奉子成婚，她安心在家陪伴了孩子几年。后来小孩大了，她又兼职开了个餐馆。她老公则因为工作关系被外派到外地，夫妻俩开始两地分居。换有些人，可能“怨妇心态”就来了，或是担心夫妻分居久了，感情会出问题，但她不，她觉得这样的生活很好，大家互不干扰，很自由。

我觉得她就是那种活得很不卑不亢的人。她不需要在学业和业务上很努力，但因为自信、会跟人打交道，就能生活得还不错。没工作，她不着急；收入不高，她也不着急；暂时没男友，她也不着急。反正，她相信自己最终都能过上还不错的生活。

她几个男友，经济条件和人品都还可以，而且她在每一段关系中都没有卑微过，她永远是家庭地位更高的那一方。男人对不起她或者她觉得相处起来很累，她能立马扭头就走，虽然心里也会痛，但不会再留恋。

她从来不为男人要死要活，生活重心也不在男人身上，因为她坚信自己配得上更好的伴侣、更好的生活，还有一种神奇的自娱自乐能力，一辈子在追求快乐，且真的很容易满足和快乐。

从她身上，我看到女人的自我救赎和升级之路只有一条：自我负责，先自爱，再爱人。与其当个磁针，不如把自己锻造成磁铁。

当然，我也知道，一个有自知之明的人，面对比自己强大、优秀的人，多多少少会产生“技不如人”的自卑感，而我们想要提升自己在这类人面前的自信，最终靠的还是积累。积累多了，你才有底气；底气足了，你才能谈自信。

自信最大的来源，就是底气。你有底气，自然就会有自信；没有底气，你的自信可能就只是虚张声势、色厉内荏。

举个例子：你的消费水平是每餐饭 50 元，那你进到一家小食店，就不会表现得怯生生的。但是，去到一家五星级餐厅，你可能会浑身不自在。即使你只是去两家店里晃荡了一圈，没有做任何的消费，但自在感也会截然不同。究其原因，是你在小食店老板面前更有底气，你知道自己消费得起。

自信和成就，是相辅相成的关系。你自信，就更容易得到机会；你得到机会并把事情做成了，你就变得更加有底气，有底气了你就更有自信，然后得到更多机会。这是一个良性循环。就拿我自己来说，我真正变得自信，是在我做出了一些成绩、赚到了一些财富、得到了更多的正反馈之后。

所以，自信这玩意儿，真不是说一说、喊一喊口号就有的。它也不是水龙头里的自来水，说来就来。它是由底气和实力积累而成的。所以，成天钻研如何变得自信的课程是没用的，那只是“术”的层面的东西。

真正提升自信的方法，不在于怎么拧开那个水龙头，而在于蓄水。咱们与其研究如何提升自信，不如研究如何积攒底气。

有鉴于此，在价值观层面确立“众生平等”的思想只是“治标之术”，真正的“治本之道”是积攒底气。而攒底气这事儿，靠的不是一朝一夕之功，有时候它是以十年为单位计的。

这才是治本之道。

第六节 人过三十，应该领悟到的几个道理

（一）过了三十岁，谁还没点痛苦的领悟

我辞职创业的时候，已经给自己想好了后路：亏完一百万，如果公司还是没有起色，就宣布创业失败。反正，有几套不值钱的小房子打底，我怎么着都可以活得下去了。

后来，因为经济下行，我们行业受影响巨大，有的同行已经倒闭、转行了，我公司也裁员了两拨，大家都在尽力缩紧裤腰带、龟缩着过日子。我想到未来，想到自己再拼个十来年身体就不行了，就又焦虑了起来。

某天晚上，跟合伙人聊了聊，他提示我想想当初给自己设定的“最坏的情况”。我一想：哎，也没有亏掉一百万啊，公司还是能自我造血，“最坏的情况”并没有发生，只是暂时没太大的赚头了，亏损倒是还真谈不上。那我焦虑个啥呢？

我不知道别人的中年都是怎样的，但到了“上有老，下有小”的年纪，我是微微感觉到有点吃力的。传说中的“中年危机”，我真有。

离婚、辞职创业，就是克服“中年危机”的体现。二十几岁时，我脑子一热结场婚，婚姻红利没捞着，倒是惹一身腥臊，还把自己弄得伤痕累累。当发现自己奋力扛沙袋筑坝时，“猪队友”却挖出了好大一个大坝缺口，任由家庭资源汩汩往外漏。于是主动提出离婚带着孩子走人。

离婚后又遇到中年危机，可怎么办？跳槽，重新找工作的话，去到哪儿不会遇到些糟心事儿？我还得从头积累自己的经验、人脉和资源。更何况，在职场上，我的竞争力已经下降。跳槽再去找新工作的话，绝对是“高不成，低不就”的，无非就是从一个坑跳到另一个坑。过去十几年间积累下来的工作经验，未必能与新岗位完美贴合，体力上又拼不过年轻人，家庭负累也增多。

换我是老板，也不愿意招年纪和家庭负累太大的员工。那就只能创业。创业吧？那是一条“九死一生”的路。员工可以每个人只负责一部分工作，而老板得全能，而且全年无休。在我们公司，有时候员工忙不过来的时候，连出差开车、刷马桶这种活儿，都是我亲自干的。

身体健康的前提下，我一年到头只有年三十晚上这一天，完全不需要操心和处理工作。公司倒闭了，员工可以另谋高就。老板能去哪儿啊？哪儿都没人要，你只能硬着头皮往前冲。

我前两天还跟公司的同事说：“只有过到中年，我才真正意识到年轻时浪费了多少时光。如果我当初的认知再高一点点，再努力一点点，或许现在也就没那么被动了。”

虽然我的境况比大部分同龄人好了很多，但我还是对自己不够满意，我总觉得以前我还是浪费了很多时光，走了很多不必要的弯路。所以，我真的很想把 30 岁以后才领悟到的道理，讲给比我年轻的人以及过去的自己听。

（二）销售工作是所有工作的本源

我也是过了三十岁才深刻领悟到，销售工作才是所有工作的本源。

你不管做什么工作，实际上从事的都是销售工作。

所有的销售，就是销售自己。商品、服务、技能等，只是销售自己的介质。

直接出卖商品和服务，看起来是在销售产品、销售服务，但实际上还是在销售自己；你在体制内工作，你在市场上是处于甲方地位，看起来不需要去服务别人，但实际上你也得向你的上司销售自己。哪怕是当个作者、自媒体人，你也是在销售自己。

而销售工作最重要的，也是识人、用人能力，只不过，识人、用人的外延会更大一点——你不仅要识别别人，也要识别自己；不仅要“用”别人，也要学会“用”自己。

我大学刚毕业的时候，特别排斥销售工作。那会儿我的职业理想是做老师、做记者，主要也是视野受限，不知道这世界上还有那么丰富的职业选择。

做老师的话，我不是师范类院校毕业的，还没考教师资格证，不够格。做记者的话，倒是有报社招法学本科生，但我们毕业的时候工作已经不大好找了，几大报社更需要的是销售（广告招商），我一听人家提供的是这种岗位，扭头就走。

我当时就觉得：既然我擅长的是文字工作，我干吗要去做需要到处求人的销售工作呢？这份工作太不“高大上”了。与其去伺候不同的客户，我不如赢得领导欣赏就行。

可后来，我发现，我错了。我天天坐着写材料，也得向领导“销售”自己，而让领导欣赏你，可不是一件容易的事。

我毕业那会儿的形势是咋样的呢？纸媒正处于巅峰期，而房地产处于蓄势待发期，有好多广告投放需求，你哪怕就是在报社支张桌子，都可能有人来联系你打广告。

对销售工作的惧怕，让我走了一条更保守的路。等我意识到“万物皆可销售，一切工作的本源就是销售”，已经是中年了。

（三）会铺设人际关系网，也是一种非常稀缺的能力

前段时间，有网友找我做职业咨询，说她想换工作，让我帮她分析了一下。

我说：“二十几岁的时候，你可以用漫天撒网的方式去找新工作；但三十岁以后，我们可能更需要靠人脉资源找工作，这样成功率和适配率会更高。”

我也发现，很多人进入职场很多年后，想法还是比较“学生气”。

比如，他们觉得职场中最重要的是锻炼自己的核心业务能力，像图钉一样，瞄准一个点，然后往深里挖。

这种“图钉精神”，我们当然是需要的，它是我们的安身立命之本。

但是，坦白说，你在任何一个岗位连续干了几年之后，绝大多数时候你做的就是重复性、机械性的工作。

而且，此时的你也已经锻炼出了一定的“熟能生巧”能力。比如，同样的工作，新手做，需要三天；你去做，只需要一天。

而熟练工作的能力，是存在阈值上限的。

哪怕你是个超人，你做完手头的那些工作，也需要花费一定的时间——经过长期的训练，你顶多只能把别人需要做三天，你自己需要做一天才能完成的工作，压缩到 6 个小时。

因此，当你的业务能提升到一定层次，你就得学会铺设自己的人际关系网，改“图钉思维”为“结网思维”，以让自己在机缘合适的时候，把自己的劳动时间卖出更高的价钱。

若是你到了三四十岁，依然只能靠从事某项工作的熟练程度吃饭，那你在体力上肯定是拼不过年轻人的，所以，你还是得靠经验、靠积累、靠资源。

其中，最重要的就是人脉资源。

年纪越大，这个资源对你来说越重要，因为你以后要靠它吃饭。

就拿一个会计来说，你数钱数得再快、再准有什么用？顶多就是让你在技能比赛中拿一个奖、一个名次，但它不能给你带来更高的收入。

你也可以去看看那些四五十岁还在做销售但越做越轻松的人。人家靠的可不是体力，而是早些时候深耕那个行业拓展和积累下来的人脉资源。

就像我朋友，她之所以能成为外企高管，是因为她在业内认识足够多的人且她的工作态度和能力广受认可，因此，有高管职务空缺出来的时候，人家第一个想到了她。

她自己也跟我感慨：会做这些工作的，不是只有她一个，但人家就只认识、认可她一个的时候，这个机会就会落到她头上。

我另外一个朋友，原先在体制内工作，35 岁转行去做了保险，而且转型得很成功。

我前几天还在感慨：如果刚毕业她就去做保险，那她身边都是和她一样收入层次的年轻人，大家的保险意识都不高、可拿去买保险的钱也不多，那么，她能赚到的钱也不多。

但是，她到了 35 岁左右再转行去做保险，她之前积累的人脉资源的优势就能发挥出来了。

这时候，她认识了很多高净值资产的亲朋好友，这些人也到了“上有老，下有小”的中年，对保险的需求大，那么，她做保险业务，就比年轻人更容易出成绩。

拼这些业绩，拼的是谁的专业能力更强吗？不是，保险业务是很容易上手的，最重要的是人脉资源啊。

大家一起进入职场，一开始的差距并不明显，但到了三四十岁，为啥就会出现断层现象——有的人往上走，有的人原地踏步甚至往下坠？就是因为每个人给自己设计的职场路径不大一样。

我觉得一个人的职场成长路径就是：年轻时，多精进业务技能，这种时候你要去拓展人脉，人家也懒得跟你玩。业务能力精进到一定成绩之后，就要学会编织人际关系网，让你的核心能力形成触角，延伸到更远的地方。

所以啊，永远不要小看那些业务能力强，同时又会交际、会铺设人际关系网的人，他们有一种非常稀缺的能力。咱们都得学着点。

（四）尊重前辈，但不盲信、盲从

年轻时候，我很容易被成功人士的名头唬住，每次听他们说一些“让我觉得有点不对劲”的奇谈怪论，我总是怀疑是不是自己的认知力不足，才会跟人家存在那么大的认知差异。

可三十岁之后，我发现以前在一个小圈子里让我服气和尊重的、当时我眼里的“大咖”，在我快速成长起来后，高光和滤镜慢慢没了。有的人，在人品方面，甚至会让我觉出“小”和“低”来。

长江后浪推前浪，前浪死在沙滩上。将来，我作为别人的前浪，如果成长速度不够快，估计也会被后生这么看轻的。

站在巨人的肩膀上，出自牛顿的名言，全句是“如果说我看得比别人更远些，那是因为我站在巨人的肩膀上”。想想也是啊，不管我们进入哪个领域，其实我们都是以前人的奋斗成果为基础的。因此，对前辈保持尊重，是最起码的素养和要求。初入职场的新人，更要展现出对前辈经验和知识的尊重，虚心倾听前辈的建议和指导，让前辈感到自己的价值和能力得到了肯定。

但是，鉴于任何人都存在局限性，不盲信、不盲从前贤也是我们需要做到的。无论盲信、盲从哪个前辈，都可能会让我们止步不前。如果说，前辈倚老卖老，或是遭受质疑就要报复、排挤质疑自己的人，那这样的前辈更是不值得盲信、盲从。

我记得80后这个词刚出来的时候，老一辈人看我们追求的偶像（比如中性化打扮的选秀歌手）、热爱的事物（比如电竞游戏），就说我们是“垮掉的一代”。后来90后冒出头来，又说他们是“废掉的一代”。

可是，二十年过去，我们慢慢走上了历史舞台，成了家庭中的顶梁柱、社会中坚力量甚至是脊梁。我们当中绝大多数人并没有“垮掉”，也没有“废掉”，相反，有一拨人还开创了新的行业、新的潮流、新的方向。

我们也不是道德沦丧的一代。哪个偶像爆出来丑闻，绝大多数人都割席、脱粉了。我们可能制止不了违法犯罪以及失德行为，但一样会对这些现象进行道德和舆论谴责。我们活得越来越像上一代，但又跟上一代明显不一样。

所以，现在想起当初那些安给我们的“垮掉的一代”“废掉的一代”之类的称呼，感觉更像是一种自大、狭隘和妒忌。我现在只觉得00后、10后，后生可畏。他们是我们育出来的苗，绝大多数人不会长歪的，而且，将来只会比我们更出色。

很多时候，我很怕跟那种“早二十年前就已经实现了财务自由，现在看到互联网行业火爆，也想冲进去分一杯羹，但根本听不进去年轻人意见的人”打交道。

他们身上散发着一种进取而又迂腐的矛盾气息。这种进取，让他们的迂腐气变得更加浓烈，甚至有点可笑。

一方面，他们希望能再一次掐准时代的脉搏，不停往年轻人扎堆的行业钻，希望自己能再次站上巅峰或至少别错过这轮风口；另一方面，他们又没办法放下曾经的财富、地位带给自己的荣耀，没办法俯下身去，听从一个资产总额不及他们十分之一的、他们眼里的“小屁孩”的意见。

年轻人跟他们打交道，是会有点痛苦的。你比方说，你想要在网文中用一个网络热词“凡尔赛文学”，他们可能会一本正经地提出建议，甚至判定年轻人“不尊重传统文化”“简直是乱来”。

他们的认知已经固化，却不自知。他们的审美和趣味已经落后于年轻人，却依然认为自己才是社会主流。他们把家里和公司都装修得像个佛堂，还不停逼你承认他们的品位独特、意境高雅。他们喜欢琴棋书画茶，闲暇时间最爱做的运动就是打太极，并不停给年轻人介绍传统文化，但年轻人到底对什么感兴趣，他们根本没心思了解。可就这样，还想进军年轻人扎堆的新兴行业呢。

二十年前，他们的确站在时代的风口浪尖上笑傲江湖，可在新生代的江湖里，他们却不再是前辈。他们唯一具备的优势，只是有足够的钱烧，以及

“我就不信当年能叱咤风云的我，今天还斗不过懂互联网的几个小屁孩”的不服输劲头。

从他们身上，我意识到两点：

第一，心态可以永葆年轻，但人要服老。一生中能抓住两次“大风口”的人是很少的。我见过的更多的老板，年轻时候爆发过，年老了依旧不服输，哪个行业火热就往哪个行业钻，然后，在第二次瞎折腾的过程中，把前半生积攒的财富散尽或折损了大半，这就是“凭运气赚来的钱，凭实力输光”。

第二，要建立“后生可畏”的意识，从放下自大开始。一个人时间、精力、知识有限，专业的事情尽量交给专业的人做。某个行业你是专家，到了另一个行业你就是“菜鸟”。既是“菜鸟”，就拿出“菜鸟”的姿态来，倚老卖老是没用的。

世界的进步，在一定程度上就是靠年轻人不听老一辈的话来推进的。

比如，传统实体店铺租金太贵，好位置都被人占了，那就去玩电商。电商竞争太激烈，那就搞直播。直播看疲了，那就上短剧、搞 AI。

年轻人要有破局的智慧。当然，破局的前提是建设性的。即，你干的这些事情是对社会、对公众有利的，是大势所趋。跑去东南亚“与时俱进”搞诈骗，肯定不能算是破局。

（五）任何时候开始改变都不晚

很多年前有过几句交谈的一个博主，长得很圆润，跟我一样有点胖，还戴个眼镜。她的吸引力，主要体现在思想上。我看她写的一部分文，确实很有真知灼见。

后来，不知道咋回事，她迷上了跳舞。我那时看过她晒出来的跳舞视频，动作有点笨拙。相比我们平常看到的舞蹈教练，她的舞姿并不是很好看。

视频下面也有一堆人在嘲笑她，说她既不是美女，身材也不好，为啥非要挑战舞蹈?

也许，在世俗眼光中，跳舞是身材曼妙的美女的专利，可她硬要去挑战这个，就显得有点违和。但她不管不顾，依旧坚持。一年过去了，我再刷到她的视频的时候，被她惊艳到了。通过持续练习跳舞，她瘦了一大圈，舞蹈动作也比过去飒爽了很多。

我真的被她给鼓舞到了。

几年前，我接待过的一个长期合作单位的伙伴，也是个奇人。

他是 70 后，之前他在一家体制内单位工作，有比较丰厚的薪水、良好的发展前途。前几年，他父亲得了癌症，他认为亲情比工作重要，就干脆辞了职，回到老家照顾父亲，陪伴父亲走过了生命中最后几年。

父亲去世后，他又重新出山找工作。

原先体制内的单位自然是回不去了，他去了一家公司，在一堆资历比他浅、业务能力也不如他强的 80 后、90 后的手下做事，但是，他姿态摆得比较正，不会倚老卖老。

他跟我说，他的人生是从父亲去世以后开始改变的。

父亲去世后，他觉得人这一辈子太短暂了，每个人的时间其实并不很多，因此，每个人都要只争朝夕地活。

以前，他是个 180 斤的大胖子，他不想到死依然是个“死胖子”，就下决心减肥。一年内，他甩了 50 斤肉。现在，他已经形成了过午不食、绝不饮酒、绝不参加应酬的习惯。

他说，人体其实并不需要那么多的食物。过多的营养，对身体反而是负担。很多时候，不是我们的身体想吃美食，而是我们的意念想吃。你学会控制住意念，并将其变成习惯，就不会觉得“过午不食”有多难多不可思议了。

至于绝不参加应酬，他是真的能做到。不管去到哪家合作单位，他都事先声明这一点，且绝不破例。他其实并不是位高权重的人，但因为业务能力扎实，大家也愿意尊重他这一点。我觉得他是那种真正活得自由、通透、豁达的人，他的幸福感未必会比那些年薪几百万的高管低。

以前，他很喜欢熬夜，不到凌晨一两点几乎都不睡觉，睡前也没干什么正事，就看电视、刷手机。父亲死后，他觉得自己不该这样下去，发誓要改变，于是，他的作息时间调整为：晚上九点半上床睡觉，凌晨四点半起床，五点钟雷打不动去锻炼，六点回来给全家做早餐，七点叫醒小孩，八点送小孩去上学。

我问他：“那你午休吗？下午会不会很困？这样工作效率会不会很低？”

他回答我：“不午休，也不会很困，工作效率反而提高了。这个习惯坚持下来，感觉每天可由自己支配的时间反而变多了。以前抽不出来时间看书，现在每天阅读一本书，毫无问题。”

改变惯性，真的很难；因为维持惯性，能让我们快速获得舒适，还是立竿见影那种。一般人很难抵制住这种诱惑。

人人都有囤积癖，但很多时候我们囤积的是毫无价值的东西。比如赘肉，比如无效的人际关系和没必要的应酬，又比如我们父母在家里囤积的那些以为自己用得着但实际上根本没用到的塑料袋、瓶瓶罐罐。

囤积癖是顺应人性的，因为人都喜欢“东西增多”的感觉，因此，那些敢于逆流而上、懂得给生命做减法的人，也是高手。

这位伙伴脱胎换骨的那一年，是38岁。他跟我说，只要你想，任何时候开始自我革新都不晚。

我也不想讲什么大道理，就把这几个故事说与你听，希望对你有点帮助吧。

第五章

用全局的眼光搏击未来

第一节

哪朵玫瑰没有荆棘？

（一）我也是在反抗校园霸凌中成长起来的

有一首叫《玫瑰少年》的歌，是为了纪念因举止女性化而遭受校园霸凌致死的台湾男生叶永志而写的，写作初衷是为了警示公众善待身边不一样的人。

我小时候也经历过校园霸凌，也是在反抗校园霸凌中成长起来的。

那时候，我们家很穷，可能是村里最穷的，又是独姓人家。我和我弟在学校里被欺负。别人下雨带伞，我只有一块塑料布拼接成的雨衣；别人下雨了有雨鞋穿，我只有一双塑料拖鞋；别人夏天有裙子穿，我只有补着补丁的裤子；别人说的是坝区方言，我在山里待久了，说的是一口山里的土话。我穿个雨衣出现在学校里，都能引起一堆人的哄笑。

上一年级的时候，老师有事走开，让女班长管理全班上自习的秩序，我想去上厕所，但女班长不让，叫了一群男生堵住门口，最后我只能把屎拉在裤兜里，被同学发现，从此成为全班乃至全校的笑柄。

那时候我才六岁，我是哭着回家的，第二天都不敢去上学。隔壁班一个男生听说了这些，曾跑到我们班里来大叫“那个把屎拉在裤兜里的，你出来啊”，引得全班哄堂大笑。

有好几年的时光，我被女班长带领的那一群同学孤立。那时候，几乎没什么同学跟我玩。谁要是向我示好，谁就会被女班长拉拢、孤立。

那时候，我家还养了几只鸭子。有一次放学回家，我在路边的池塘捞了一些浮萍，打算捞回家喂鸭子。

一个女同学突然很友好地问我：“你在这里干吗呀？”我以为她是向我表达好意，就认真地回答：“我捞点浮萍回家喂鸭子啊。”

谁知，她很快告密给女班长。女班长纠集了一群人，排成一个横排，手拉手、肩并肩地跟在我后面，还喊着她们刚刚想出来的口号。

那时候我也只是个八九岁的孩子，回到家里就是一顿大哭，但父母忙农活，哪有空关照我的情绪啊？而且，即使跟他们说了，他们也只会叫我反省自己的问题，开口就是：“为啥女班长不欺负别人，就欺负你？”

我坐在我家那个阴暗、低矮、没有房间的房间里，一度想过死。一个不到十岁的孩子，每天在学校里被孤立、霸凌，回到家里每天只能看到父母在吵架。学校里没有朋友，回到家里没有父母的心理应援。我很怀疑自己，怀疑自己是不是真的很差劲，怀疑自己是不是“人鬼憎恶”，是不是真的做错了什么。

如果说我有什么割舍不下的，那就是学习以及寒暑假去外婆家。学习是一件多么有趣的事情啊，课本上的那些知识闪闪发光。寒暑假去外婆家也是一件多么快乐的事啊，那里的小伙伴不嫌我穷和土。

我还是没有“去死”的勇气，只是想到了一条防守方式：老师可以保护我。可是，班里那么多学生，老师凭什么要关照我？唯一的办法是努力学习，成为班里的尖子生，让老师注意到我。

（二）我们都得带着伤口继续往前奔跑

2023 年，一部讲述校园霸凌的韩剧《黑暗荣耀》突然火爆社交网络。女主角小时候遭遇到了非常严重的霸凌，而且得不到妈妈的支持，她卧薪尝胆很多年，并开启自己的复仇计划，不沾一滴血，利用恶人们本性中自私残酷的一部分，让他们完成了自相残杀。而这部剧之所以好看，原因之一是有强烈的反差感：霸凌的时候，“主指使人”是纠集一群人去搞一个人，复仇的时候是这一个人去干一群人。

复仇剧之所以永远有市场，是因为现实生活中很难有那样的快意恩仇。复仇是需要资源的，包括但不限于智慧、阅历、钱、人脉等，可穷人、弱人啥也没有，而这也成为他们被霸凌的原因。

还有很多人的人生，在被霸凌的那一刻已经被毁掉了。就像我小学时候，有个兔唇的女同学也经常被霸凌，而且比我被霸凌还要惨很多。

我学习好一点之后，老师多少会护着点我。我爸妈虽然脾气差、搞内讧，但总体上还是护崽的。而她呢？她爸是个不折不扣的坏人，把外面的女人带回家，从她一出生就家暴她妈妈，而她妈妈把一切不幸都归因于自己生了个兔唇女儿，努力想生个没兔唇的儿子扳回一局。

她真的是从小被霸凌到大，哪怕做了兔唇手术，依然被霸凌。女班长对她的霸凌手法，跟对付我也差不多，但因为她学习不好，她还经常被女班长罗织罪名，然后被老师冤枉（有些农村小孩子太调皮了，老师也觉得要让班里最霸道的人当班长才镇压得住秩序，但这也滋生了另一种恶)。好在，长期干农活，让她有了一副好体魄。别人打她，她回击起来不落下风。

初中没毕业，她就辍学了，后来远嫁。丈夫跟她吵架后自杀，她被婆家赶出家门，儿子也不让见，只能进厂打工，然后遇到第二个丈夫，又生了儿子。她爸后来受了很严重的工伤，瘫痪了，只能坐轮椅，可能是忍受不了长期足不出户的生活，前两年跳井自杀。她妈也终于得到解脱。

如今我们都四十来岁了，每个人头上都开始生白发。她几年才回一次老家，我也是，所以我们不常见面。上次我们聊起那些被霸凌的往事，她说她也忘不掉，但能怎样呢？都过去了。

是啊，都过去了。过去的，过不去的，都过去了。

我知道现实就是这样子的：看得人热血澎湃的复仇情节，往往只在文艺作品里。而且，还要极其努力、幸运才能达成。就拿《基督山伯爵》来说，男主角就是很好运地得到一大笔财产，而且这些钱就成为他复仇的工具。《黑暗荣耀》里的文东恩，有一份相对体面的工作，而且还长得漂亮，还有很多人帮她，恶人们还栽得、死得很巧合。

而且，恶人们遭遇过社会的“毒打”后，也会变。他们知道自己原先那套法则在成人世界里行不通，成人世界需要与人为善。所以，他们也会纠偏，最后变成一个友善的好人。他们也会把过去那些霸凌别人的经历当成“不懂事”，忘掉了。

哪有什么快意恩仇啊？能量低的人，一生被按在地上摩擦。偶尔冲出来一两个命运的强者，也很难实现完美的复仇，因为生活可能已经耗尽你所有的气力。你再回想那些经历，只能苦笑着说，算了，都过去了。

人生就是一笔糊涂账。除了你自己，谁有空翻开你的账本？大家都那么忙。我们每个人都只能拥抱住那个曾经破碎了的自己，随便缝补一下，开启下一段旅程。

就像我那个兔唇女同学一样，做个手术把兔唇补好，带着伤口继续往前奔跑。遇到当年的女班长，还能再问候一句："你好。"

（三）"最美的盛开是反击，最好的报复是美丽"

什么人才能复仇成功？热播剧《狂飙》里安欣那样的，《黑暗荣耀》里文东恩那样的。安欣父母双亡，有义父帮助，无妻无子，不贪图名利。文东恩有个母亲但只会给她拖累，无爱人无孩子，找个工作也只是为了复仇。

一旦你有软肋（比如，某个热爱的事业、某个爱着的人），复仇就变难了。

有业之人和无业之人对决，业就是靶点。

有孩之人和无孩之人对决，孩就是人质。

有鞋之人和光脚之人对决，鞋就是拖累。

有爱之人和无爱之人对决，爱就是软肋。

"光脚的不怕穿鞋的"，就是这么来的。

《阿凡达 2》中，杰克为什么首先选择逃避，而不是迎战？就是为了保护他的软肋（家人和部落）。他以为退让可以赢得和平，但最后发现：和平是打出来的。

而要打，他也是有损失的，杰克就损失了一个儿子。所以，真正的复仇爽剧，只能由无软肋、已经没有什么可以失去的人创造。

成功这事儿，本来就很难啊。能复仇成功的人，也不怕干不成其他啥事儿。复仇成功，也只是少数人的专利。但是，为了“不被攻击软肋”，我们就要走另一条“没有软肋”的路吗？不是。

“业”是你的安身立命之本，它能让你在很多时候免于被动，让你“进可攻，退可守”。

“孩”是助你完成“当父母”这项修行的人，它不会让你更软弱，而是让你更勇敢。

“鞋”能带你走向更远大的世界，更宽广的高处。

“爱”是我们获得幸福的源泉。

这些“拥有”，很多时候是我们的软肋，但更多时候是我们抗击生活暴击的软垫子。

我们的人生使命也不是跟谁对决，而是尽力走向高处，高到那些人再也触达不了的地方。

当你达到“一览众山小”的境界，或许，当初的山就不是山，只是一个小土丘了。

就拿那些曾经霸凌过的同学来说，我们如今各自走上了自己的命运轨道。他们绝大多数待在农村。到了中年，有人离婚，有人坐牢，有人得癌，也有人高升、发财。绝大多数人都变成了“被社会‘毒打’后变得比较懂事的中年人”，包括我在内。

那个女班长，和丈夫离婚了，带个女儿，在我们那个小镇的派出所户籍科做一份编外的工作。我在一次婚宴上遇到她，主动跟她打招呼，她保持了基本的礼貌，但眼神躲闪。

那个朝我扔石头的“混世魔王”，从少管所出来没多久就娶了从山里嫁过来的老婆，后来因为把老婆打残废了，去坐了牢。之后我就没有再听到他的消息，村里人说他去了外地。

跑来我们班传播我把屎拉在裤兜子里的那个高年级男生，现在已经是某大厂年薪百万的中层；我上次跟他开玩笑似的提起幼童时那些事，他说他完全不记得有这个情节了，如果他真的做过这种事，向我说句“迟来的抱歉”。

那个往我书包里丢马粪、总是跑来拔我头发的女同学，后来没考上大学，一直在老家打工。她得了癌症，日子过得并不宽裕，但我听说她一直记恨着我。她认为，当年反而是我在霸凌她，因为她只是往我书包里丢马粪，只是拔掉我几根头发，而我居然对她动手了。

你说我恨他们吗？我真的很恨“曾经的他们”，但不恨“现在的他们”。不恨“现在的他们”，是因为我也感知到了生活和命运的残酷，每个人其实最终都要为自己的认知、性格买单，包括我自己。而且，因为我长大了，我不再害怕他们了。就像我现在还是会经过朝我扔石头的那个小霸王的家门前，可我不再害怕了。

去年回老家，我看到他家的老房子还没有拆。我站在他家门前，只觉得疑惑：为什么小时候，我八九岁的时候，会觉得他们家的房子那么高、那么大、那么威严，而现在，却只觉得“就这”？原因只有一个：那时候我太弱小，而现在，我去过更远更广更高的地方，我的世界、能量、心量都变大了，它就显得小了、弱了。

但是，我真的很恨“曾经的他们”。整个小学期间，我几乎每天都在惶恐不安中度过。他们让我时常怀疑自己，给我带来极大的心理内耗。我那时候，才不到 10 岁，那几年我原本可以过得更快乐一些的。毕竟，人能有几个童年呢？我们很快就长大了，很快就进入残酷的大人世界了。

好在，这些事情也能催促我奋发上进。我几乎是咬着牙根子往前拼杀的，因为我清楚地知道：如果我不拼杀出去，我往后的人生将永远只能和这些人为伍。

我那时候，常常是白天在学校里被他们欺负了，晚上回到家里坐在煤油灯下写作业。我一般是先哭一场，把当天的负面情绪发泄完了，再收拾心情写作业。而我爸妈，甚至都不知道这些事情，即使知道了，他们的表现也都是“老三样”。情绪支持？心理应援？完全没有的。

如今我已经快四十岁，我真想回去抱抱那个八九岁的、曾经想到要“去死”的小姑娘，跟她说：“我知道你在害怕、你在难过，我知道你心里的委屈，但是，没关系，总会过去的。你会成为一个很好、很优秀的大人。你的人生中还会经历很多比这个更严重的困难，但你都能蹚过去。你会有一个可爱的女儿，你的女儿无需再遭遇你经历过的这些。”

（四）不要惧怕斗争

前段时间，还有人问我：“你现在还敢跟人在大街上扭打起来吗？”

我回答：“有必要的话，可以啊。”

为啥来人会说“还敢”呢？因为对方知道我上小学的时候遭遇霸凌的经历，知道我就是一路打过来的——跟女同学打，跟男同学打，扭打，压着打，骑着打，揪着头发打，什么姿势都有。有时候打赢，有时候打输，但除了那位“混世魔王”，就没有“不敢打”过。

没有这点野蛮劲，在农村那样恶劣的环境中，我怎么突围得出来？

我现在总结小学阶段我的混世经验，无非就四点：

第一，能让人，忍人。

小事情，都让了，忍了，避免了一大部分麻烦。绝大多数人也知趣，“蹬鼻子上脸的”是少数。

第二，抓主业。

感受到别人对我的恶意后，我会化悲愤为力量，把大部分时间和精力放学习上去，争取在学业上超越甚至碾压他们，也因此得到权威（老师）的支持。

第三，避无可避，忍无可忍，打不赢也不怕打。

被一个女同学霸凌，我一开始忍让，后来她把我推倒，我直接整个人冲过去，雨点般的拳头全砸向她的脸，打到她最后流鼻血，由家长带着去我家索赔，但霸凌事件终于告一个段落。

小学四年级的时候，有五年级的男生屡次三番欺负我二年级的弟弟，我二话不说冲上去跟他单挑。我体力根本不占优势，还被他把头发一把把揪下来。我一次又一次被他打退，但我像疯了一样一次又一次冲上去，打到最后“杀红眼”，大有要跟他同归于尽的架势，对方终于怂了，从此以后不敢再招惹我和我弟。

第四，遇到蛮横到极致的，打不赢就跑。

蛮横分好几种，豪横的，穷横的，还有乱横的。像那位“混世魔王”，就是乱横的，我基本上是把他当成半个精神病人看待的。这种就真的只能尽力避让。

后来我去县城上初中，离开了农村。我开始接受文明教育，我觉得“疯一样打架”不体面，就很少打架了。只是初一时有个男生惹毛了我，我提了个板砖，追了他四层楼，追到他躲进男厕所不敢出来。

再后来上高中、上大学，我一步步变得“文明”，并把自己彻底禁锢在了“体面、文明”的笼子里。

现在我也已经到中年了，依旧能让人、忍人，尽量与人为善、广结善缘，不轻易树敌，推崇“大事化小、小事化了”。

主业我也是要抓的，学生时代是抓成绩，现在是赚钱、养娃，我大部分时间和精力也都放在这里。它是我的安身立命之本。

但如果有需要，我还是不会惧怕冲突，不惧怕斗争；和平有时候是结交出来的，但有时候是打出来的。我们都要靠冲突去确认界限，靠战争赢得和平。

反正呢，人生就应该是这样子的：咱们不惹事，但也不怕事。实在避不开，那就只能迎战。迎战了，打得赢就打，打不赢就跑。但是，请你记得：报仇不是你的主业，你一定要继续往高处走。最好的报复，是让自己过得更好。

我们终将会与小时候那个被霸凌的自己，在更高处相见。

第二节
如何面对人生中的恩与仇?

(一)有恩记恩

我有个舅公(我外婆的哥哥),在我上大学期间帮过我很多。

那时候,我家里穷到连去北京上大学的路费都没有,幸亏我拿到了一笔“高考状元奖励金”,这才有了买火车票去北京的费用。

但因为不舍得花钱,我爸把我送到昆明后,就把我托付给另一个同学的爸爸,让他送自己女儿的同时把我捎上。毕竟,我们家实在支付不起两个人都去北京的花销。

在昆明转车期间,我都是住在这个舅公家(旅馆费用我们支付不起)。舅公看我困难,给了我几百块钱。大学期间,每次我回老家,都需要从昆明转车,都是在舅公家落脚的。

我弟弟大学毕业在昆明实习了小半个月,也是住在舅公家。

后来,我参加工作,终于有能力了,然后,我每年都会给他寄礼物、寄钱。每次去昆明，不管多忙，都会抽出时间去看他。

我知道人家可能并不稀罕这些，但我就是想让他知道：我感你的恩。

作为一个在市场上并没有大名气的小作者，出书时也需要一些已经出道多年的大作者、老作者推荐。所有这些推荐过我的人，我每年都会定期送礼物。

直接给钱太俗，这毕竟不是交易，而是交情。人家帮助我、推荐我，也未必是为了钱，但通过送礼物的方式，把感恩之情按年分批给出去，是我必须要做的事情。

别人不在乎，但我不能不在乎。

我觉得这对自己也是有益的。

一方面，通过此举，我可以不停暗示自己"这世界上，没有人会无缘无故帮你，每一个帮过你的人，都该感恩"，避免自己成为连自己都鄙视的"白眼狼"。

另一方面，也能给所有认识我的人一个暗示：对我好，我真的会感恩，并且回报。

古往今来，过河拆桥、卸磨杀驴的人，都是要被钉在历史的耻辱架上的。这样做，也会给身边人传达出一点"这人不值得帮"的信息，那么，以后帮你的人会越来越少，相当于亲手断了自己的后路。你当时当下的确是靠过河拆桥、卸磨杀驴得了利，但你这辈子就靠得到的那点利过日子了？那点利，你真拿得住吗？

我朋友有一个渣爹，结婚后遇到一个渣老公，生下两个孩子后，她处境极其艰难。我鼓励她出去找工作，把孩子扔给老公带，同时借了她一点救急资金，但她发了第一个月的工资，竟跟我说："你的钱我晚一点还，我先把工资给我爸和老公，他们催得不行了。”

我说：“我不同意。你这思维不对。我是在你困境中，愿意伸手拉你出来的人，但你有钱了之后，第一反应不是回报我，而是把钱留给你的吸血老爹和老公。你这相当于是在告诉所有人——谁坑你，你对谁好；谁对你好，你坑谁。长此以往，就真的没人帮你了，但害你的人会越来越多。我们应该鼓励什么、制止什么，是体现在行动中的。”

（二）有仇记仇

做人当然既要“记吃”（记恩），也要“记打”（记仇）。

你记仇，不一定要复仇，但如果你连仇都不记，那你可能很难有改变挨打现状的勇气。

我自己也曾经有过“挨打”的经历。对方是一个习惯性欺软怕硬的人，所以，我的屈辱感不是来自她选择攻打我，而是来自：那么多人，她不敢惹，唯独选中了我。这说明什么？说明在她的眼里，我是“软”“弱”的化身。这种屈辱感，在我看到对方对待权贵时奴颜婢膝的谄媚样儿后，会来得更强烈。

其实，我已经是我们家最有血性的人，但还是会给人造成这种“软弱可欺”的印象，可能还是因为我平时表现得太温柔和善了。

小的时候，我在农村长大，因为穷，我父母在村里会被欺负，我在学校里被霸凌。遭到外界欺辱之后，我能寒窗苦读十几年，与高考这个几乎唯一能改变我命运的机会死磕，并靠高考改变了命运。

前夫伤了我，一开始我忍，但一拿到实锤和证据之后，三天之内办完了离婚。离婚后，我真的是咬着牙挨过所有的伤痛，并且把这种痛苦融化进创作里，然后，事业果真稍有起色。我还把我们的故事写成了小说《离婚七年》，算是将这段故事进行“废物再利用”。一段苦痛的经历，被我变成了稿费。

职场遇到不公平乃至现在遇到一些不平事，我也会悲愤，但每一次，我都能转悲愤为力量，通过再一次“对自己发狠”，蹦到更高更远处。

落后就会挨打，这是正常的，但是，有志气的人，不会“就这么算了”。我“记打”的表现，就是牢牢记住被伤害过的感受，然后努力让自己变得更强大。

集中能量，干成一件大事是对的。但是，集中能量的方法有二：第一，积蓄正能量；第二，发散负能量。如果恶人惹毛了你，你内心深处已经有负能量，那你选择“自我消化”是在发散负能量，选择反击也是在发散负能量。哪样让你付出更少的成本、获得更大的收益，你就可以选哪样。

人和人不同，事和事不一样，“要不要记仇、复仇”的这个问题，要具体问题具体分析，不该有标准答案。

（三）轻仇者，必寡恩

“轻仇者，必寡恩。”如果一个人不记仇，那他也有可能不记恩，因为人的感情和行为倾向往往是一致的；一个人对待仇的态度，往往也是他们对待恩的态度。“重恩轻仇”的是大圣人，“轻恩重仇”则是反社会人格，这都是极端情况，对我们普通人不具备太大的参考意义。

《基督山伯爵》是我很爱看的一部小说。对帮过自己的人，伯爵一一报恩；对害过他、伤过自己的人，伯爵一一复仇。但他能复仇成功，靠的不仅仅是自己的谋略，还有敌人本身的恐惧、贪婪、疯狂和罪恶，甚至，后者才是主因。所谓“多行不义必自毙”是也。

我在看孙膑和庞涓的恩怨的时候，也觉得这个故事之所以流传至今，是因为这种故事迎合了人们内心深处笃信的价值观，所以，这个故事才具有相当大的群众基础。

孙膑和庞涓都有非凡的军事天赋，都曾师从鬼谷子，但孙膑性情相对温和、重感情、对身边的人不设防。与庞涓做同学期间，他近乎将师弟庞涓视为亲人，但庞涓一直嫉妒孙膑的才能。

几年之后，庞涓前往魏国，混成大将军，所向披靡。但他觉得，孙膑始终是个心腹大患，想除掉他，于是，他假意把孙膑推荐给魏王，并好吃好喝伺候着孙膑。

接着，他找到一个机会，以通敌、谋害魏王为由，将孙膑压入牢房。表面上，他跟孙膑说自己会努力营救他，实际上去买通狱卒虐待孙膑。孙膑先是被剜去了膝盖骨，后脸上被刺字。

孙膑回过神来后，才意识到自己着了庞涓的道。为了能活下去复仇，孙膑开始了装疯卖傻之路。庞涓大喜，但为了考察孙膑是否真的疯了，把他扔到猪圈之中，给他吃猪屎。孙膑也喜滋滋地吃了。

终于，孙膑找到机会逃脱，去到了魏国的敌国齐国，成为齐国大将军田忌的幕僚。他以“田忌赛马”这个典故名满天下，也得到了齐王的重用，并帮齐国搞军事改革。

后来，赵国进攻魏国的盟国卫国，魏国去讨伐赵国，赵国向齐国求救。接着就有了齐国“围魏救赵”的典故。

这一战是怎么打的呢？魏国的主力押在了一线，都城兵力空虚，孙膑且战且退，诱惑魏国的守将主动出击，而他则设下埋伏，击败魏国防守主力。接着，佯装要去攻打魏国都城，庞涓赶紧回去救援，而他们以逸待劳，轻而易举战胜了魏国。

几年后，孙膑又将这套策略重使了一遍，庞涓吸取教训，不冒进回都城。孙膑主动撤退，诱敌深入，设下埋伏，还在树上写上“庞涓死于此树之下”。庞涓中了孙膑的埋伏，兵败自杀。

孙膑的结局，史书上没啥记载。有人说他原本就受到田忌的嫉妒，功成身退后隐居了起来。也有人说他吃过太多牢狱之苦，自己大仇得报，也就不用强撑着了，就此病死。

人活一口气，孙膑后来能完成复仇和反杀，大概也是这股子心气支撑着的。

电视剧《琅琊榜》，讲的也是复仇和斗争。

梅长苏不仅仅是为了自己、为家族复仇，还为了整个国家。

赤焰军在战场上厮杀，却因为被小人构陷而全军覆没。忠良被陷害，小人当道。这起到的示范效应是极其恶劣的。这样的风气如果发展下去，对国对民都是不利的。

他要复仇，要为赤焰军平反，就是想让梁帝亲口承认自己错了，承认赤焰军没有谋反，他们是一群敢于为国捐躯的社会脊梁。

复仇当然是需要有智商的，也是需要付出代价的。梅长苏有足够的魅力，让身边的能人追随于他；他有足够的耐心，让敌人自乱阵脚；他有足够的智慧，步步为营，谋定而动。梅长苏也有足够的狠厉。比如，为达到自己的目的，利用了好友萧景睿，扳倒了谢玉，并“半失去”了这段友谊。他连累无辜的谢绮，让她临近分娩时，为谢家紧张操心，最终难产而死。他当然是会内疚的，但该做的事，还是要做的。

所以，你看，记仇、鸣冤昭雪、复仇之路，同时也是“升级打怪”之路，也是可以磨炼你心智的。

（四）报复有度

复仇这种事，你可以借力，但没办法靠别人。别人对你遭受过的苦痛，根本没办法感同身受，也生不出这种帮你复仇的心气。

电影《邪不压正》中关巧红的原型是施剑翘，在历史上确有其人。她一开始也依赖丈夫帮她报杀父之仇，后来见丈夫有意淡忘这些事并劝她放下，她愤而离开夫家，独自开启复仇之路，并最终复仇成功。

你依赖别人，最终的结果可能是没完没了的扯皮，虚耗精力。人生中很多事情，包括你想要寻求公义、维持自己内心的秩序，必须要“自己来”。

我们终将用我们自己的方式，维护好内心的秩序。

当然，也正是因为“挨过打”，所以，等你变强大后，更要有“扶助弱小”的心。人在变强大了以后，就很容易变得狂妄，容易报复过度。这也是值得我们警惕的。

我这人比较记仇，但不一定每一桩仇都会去报，真报仇也主张“报仇有度”。

比如，被朋友出卖，我先绝交，再在共同的朋友圈子里把他干的劣迹宣扬一遍，提醒其他朋友注意。

比如，熟人借钱不还，直接安排起诉，拿到钱后，相忘于江湖。

又比如，婚姻存续期间前夫出轨，离婚了就算报复完毕。离了以后跟前夫和谐相处，不把孩子当成要挟人家的筹码，也不必因为人家出过轨就觉得人家低自己一等。

如果报复过度，一定会反噬自身的。

一个人被人骂了一句，不是选择骂回去，而是直接上手打人，那么，这起冲突的性质就变了，那你就是理亏了。一个人借了你钱不还，你不仅把人家起诉上法庭，还要去人家所在的单位贴大字报，那他没了退路后一定会恨上你，搞不好会对你作出更过激的举动来。

报仇是为了让别人记住伤害自己的下场，以儆效尤。所以，报复要冷静，报复要适度，报复也要保护好自己。

以及，尽量不要让报复成为人生唯一的执念。必要的时候，“得饶人处且饶人”，等候天意作出裁决，这不是放过了别人，而是放过自己。

看金庸小说《射雕英雄传》的时候，我觉得瑛姑就是一个失败的复仇者。瑛姑和周伯通生的儿子被裘千仞打伤，瑛姑求一灯大师救儿子，但一灯大师没办法越过自己被戴绿帽的心结，见死不救，瑛姑的儿子就这么没了，从此，瑛姑的人生只剩下了报仇这件事。她恨上了一灯大师，几次想置他于死地，可她完全找错了报复对象啊。

瑛姑也尝试过找裘千仞报仇，但老是打不过，后来裘千仞还被一灯大师点化、收服了。瑛姑为了复仇，不可谓不努力。她稍有悟性，能通数学，懂点武学，还耐得住寂寞，能一个人卧薪尝胆在泥沼中独居多年。她缜密计算，以石击鸟，试图复仇，连黄蓉这样聪慧的女子都差点着了她的道。可是，她的复仇对象是裘千仞这样在江湖上一等一的高手。他太强大了，她的复仇相当于螳臂当车。当你的复仇对象远比你更强大，怎么办？你好像只能随缘，只能等着、熬着，熬到对方自动溃败，熬到对方被上天收走。命运把你带到哪儿，你就去哪儿。

我们的人生，尽量不要只剩下复仇这一个唯一的人生主题。世上最有力的报仇不是痛击对手，而是你因此活得更好，比你的仇人活得更好。

我也想告诉看这本书的你，不管人生中发生什么事，我们都可以努力用它去磨砺自己，要让自己在痛苦中开出花来。一个栽过坑的人，再爬起来时，一定要让自己走得更稳、更好、更远。

（五）有仇可缓报，有恩当场报

有仇可以缓一些报，但有恩最好当场报。

有仇不必当场报，是因为：别人能在当时当下欺辱你，说明你实力不大够。

你可以牢牢记住自己这种被欺辱、击打的感觉，然后，慢慢积蓄实力，等到时机成熟，再予以还击，最好能让对方一击致命。

有恩最好当场报，是因为，随着时间推移，我们会淡忘他人的恩情。

你在绝境之中得到帮助，当时当下你会对那个人感激涕零，但时日久了，你已经不在那个情境里了，你就会淡忘“身处绝境”的感觉，别人给你的恩情在你的心里的分量会减轻。

如果对方牢牢记住了自己给你的恩情，这很有可能会给你造成负担，最终造成“大恩如大仇”的结局。

也正是因为了解到人性的这些特征，我帮助别人后，一般乐于做两件事情：

第一，帮了就忘，永远不再提这一茬。

我帮人，是我乐意的，不是别人胁迫的，不需要别人记恩。当时当下，这个事情就永远地过去了。日后，我再跟被我帮过的人相处时，若是遇到新矛盾，尽量用处理新矛盾的方式去解决，绝口不提过去给人家的恩情，因为这事儿与新的矛盾无关。

第二，如果别人马上要报答，我马上接受。

帮了别人，别人给我回敬礼物或是给我报答，我马上收下，恩怨两清。一来，可以避免我自己忍不住用“你欠我一回”去道德绑架别人；二来，也可以减轻对方心里的负担。

不过，也不是你做到了这些就可以避免误解。有一类受恩者会觉得自己受恩就矮你一截。

“大恩如大仇”“升米恩，斗米仇”“大恩不言谢，深恩几于仇”，这恐怕是听来最惊心的文字。

对别人施与小恩小惠，就如家常便饭，别人说一声“谢谢”就可以报答；而大恩则不然，施之者居高临下，受之者心有戚戚，双方面上不说，但心里都知道“恩重如山则报之不易”。久而久之，这种大恩就变成双方的负担。

对于被施与恩情的人来说，“吃人嘴软、拿人手短”，见到恩人自己就矮了三分，他有恩难报、低人一等的心理压力，于是把这种感恩之心转化为对恩人的怨恨也不足为奇。

有这样一个著名的故事：

唐朝唐肃宗年间，有一个节度使叫做李勉，他追随唐肃宗平定安史之乱，立下了大功。

有一次他们抓住了一批谋反的人，要治他们死罪，他看其中一个人实在无辜，就禀明皇帝赦免了他。

那个人后来飞黄腾达了，想要报答李勉对自己的救命之恩，但不知道送他什么东西才好，老觉得送什么都显得轻了，最后夫妻俩竟合计：干脆把他杀了吧，这样我们就不必报恩了。

有人赶紧给李勉报信，李勉连夜搬家，才逃过一命。

古代还有一种搬家是这样的：我帮了你，给了你大恩，但是这个恩情你这辈子肯定还不上了，所以，我就干脆搬家。这就是预防恩人变成仇人。

在《倚天屠龙记》里，张无忌费尽心机在万安寺中救得所有武林人士，唯独灭绝师太不领情，甚至以自己的死换来了徒弟周芷若的生。大恩如大仇，她深知如果接受了张无忌的援手，以后便不能理直气壮地与她认定的“魔教”对抗了。

我相信平等的关系才能持久，所以，帮人也要有限度，而且你得给别人机会报恩。

第三节
奋斗，是为了拥有更多选择权

曾经，一个网友问我：如果我们终其一生能达到的终点只是别人的起点，那普通人拼搏奋斗又是为了什么？

我回答，普通人必须要奋斗，因为不奋斗就意味着我们摊上事儿的时候，不具备选择权。

的确是这样啊。只有当你足够努力，才能积攒到一定的技能，再把这些技能转化为财富。这样，当人生中的意外、挫折、低谷来临的时候，你才能拥有一点选择权。

举个简单的例子：女人有份自己的工作、有套自己的房子，哪怕收入不怎么高，房子不怎么值钱，在婚姻生活中也可以硬气很多。

我认识的一个护士朋友，收入也不很多，但她嫁了一个年薪百万的老公，婚后住的是老公的房子。她老公待她不错，而且她从来不会因为自己跟老公的收入差距悬殊而产生自卑，在公婆、孩子面前还是有相当程度的话语权。

究其原因，还是因为她在经济方面真能做到独立，思想层面也受不了仰人鼻息的生活。

不管在医院遇到患者给出多大的刁难、受多大的气，她都没有想过要辞职。她老公劝过她很多次“实在待得委屈，咱就不干了，你辞职回家，我养你”，她一次都没听。

她说：“我回家干吗啊？我在医院伺候别人，有工资拿。我回家伺候老的小的，却是无偿的，搞不好还被人家认为我是米虫，是老公养着的。虽然我只是一个护士，但人家对护士的尊重和对家庭主妇的尊重是不一样的。对护士的尊重，是基于对我的尊重；而对家庭主妇的尊重，可能是基于对我老公的尊重，这个我就受不了。”

其实，做护士收入也不很高，有时候“三班倒”还很累，但她攒了几年钱下来，去郊区买了一套房子，现在这套房子跌到只值一百万还有贷款。但有了这套房子打底，她是有底气的。

她就是有这样的气性，不会因为老公收入比自己高那么多倍，就觉得自己矮人一等。而当她不太把老公给她提供的优越的物质生活当回事，她老公反而就以此拿捏不了她，两个人连吵架都是势均力敌。

想象一下我们当中很多女性，如果老公年薪百万，而自己每年只拿个七八万的工资，工作又很辛苦，很难不受气，估计一听老公说“辞了吧，我养你”，就麻利儿地辞职回家，并开始琢磨自己到底要怎么做才能让老公离不开自己了。

我觉得这就是她应该拥有的生活啊。真正能享受到婚姻红利的女性，反倒是这样的。

女性从小被教化“那么拼干吗，嫁个有钱人就好了”，而男性很少被教化“别拼了，娶个老婆就好了”。他们从小被教化的是什么，是“你不拼，你就娶不到老婆”，是“你有养家糊口的重任”。

就是因为他们从小就知道自己没什么退路，所以，大多活得那么狼性、那么现实。而女性总是不自觉想找退路、靠山、归宿，可是，如你所知，这也是一条艰险的路。你得够聪慧，够有眼光，够有运气，这条路才能走通。倘若缺少一样，你很有可能只是掉入沼泽，等你满身污泥地爬起来，人生中最好的拼搏年华也过去了。

结婚不是幸福的开始，它只是另一段“升级打怪”的人生旅程，伴随着很多风险。但如果你有一定的自我兜底能力，你就会多一点选择权。

当然，如果你还有勇气从坏死的婚姻中走出来，重建自己的人生，任何时候都不迟。我觉得一个女人一两次遇人不淑，也算不得是什么“大事”，虽然错失了一段拼事业的时光，但人生不管从什么时候“重新开始”都不晚。

希望你能擦亮眼，即使眼睛不够亮，也希望你独立，能承担自己“选错人”的后果并能快速爬起来前进。毕竟，曾经陷入婚姻沼泽或是丧偶后，最终靠自己的力量爬出来、站起来、走下去的女人，也是多如牛毛啊。

第四节

欲成大树，莫与草争

（一）沟通阻滞是很常见的

有句话说的是：常与同好争高下，不共傻瓜论短长。

可这话，我觉得后半句是对的，前半句是不对的。因为，真正的“同好”，从来不跟你争高下，大家基本上持的是合作思维，而不是对抗思维。真正的“同好”，是了解了你的想法之后，依然愿意与你和而不同。

争高下，往往是傻瓜才会去做的事情。傻瓜们的内心虚弱又自卑，才会在每个细节上都想赢。君子“和而不同”，傻瓜“同而不和”。

对人与人沟通这事儿，我充满了惊喜和无奈。作为博主，更是感受明显。同样的话，我跟 A 和 B 沟通，会得到不同的反馈，产生截然不同的化学反应。

我跟 A 沟通，有问有答，重点突出，对方给出的全部是有效信息，且真能帮助我解决问题。我跟 B 沟通，得到的全是情绪化的语言，沟通几个回合后，除了收获一肚子气外，问题依然停留在原地，毫无进展。B 也不是不想解决问题，但最后事情总会演变成这样子。

我们讲到沟通能力，大多讲的是沟通态度、沟通技巧，可我发现，绝大多数人的态度是没有太大的问题的，技巧也可以现学现用，问题往往出在“阅读理解能力”。

“阅读理解能力”是聆听能力，是“听得懂”，是能领会到别人说话的重点和意图。而阅读理解能力不行的人，往往也没办法正确地梳理自己的真实想法，表达自己的所思所想。他只知道心里不舒服，接着就用愤怒、破坏等方式去表达自己的不舒服。

比如，三个小孩在海滩边玩沙子，用沙子建了一个城堡。

C 小孩突然说：“你看我把城堡建得太靠近海浪了，我们再建一个城墙，防止海浪把它冲垮。”

D 小孩准确地捕捉到 C 的表达意图，知道 C 想表达的重点是城堡的选址太靠近海浪了，就抱着解决问题的态度接话说：“好啊，好啊，我再去多拿点沙子过来。”

E 小孩则说：“这城堡是你一个人建的？你有那么大能耐？你把 D 放在眼里了吗？你信不信我能一脚把建好的城堡踹飞了？”

在 E 的话语体系里，人和人是活在权力结构中的，分清楚谁占上风、谁是下位，这一点至关重要。如果不事先确认这一点，那么，已建成的成果也是可以被破坏掉的。但在 C 和 D 的认知体系里，平等合作、把事情做成，才是至关重要的。

这些年，为了纠正自己在表达方面的问题，我学了很多沟通表达课，但我后来发现，“学以致用”太难了，因为我们总有疲累和疏忽的时候，没法保证自己每句话都能说正确。而且，沟通效果很多时候真的取决于我们遇到的人。

事实上，很多人际关系的好坏，不是由“长板”决定的，而是由“短板”决定的。

比如，我跟我妈沟通，就有很强的阻滞感。她跟我抱怨女儿进入青春期后，脾气有点大的问题。

我说：“她这个年纪可能就是这样的，你说话注意点方式、方法就行了，用她比较容易听进去的方式。”

我妈说：“你的意思是我不要说话？我不说话这个家还是家吗？”

我叹了口气说：“不是不说话，而是不要那样说话。”

但解释没用，因为我妈对我那句话的理解就是“你居然不让我说话”。

我没法改变别人，只能处置自己。有些关系，你能选择，那就选择或放弃。有些关系，你不能选择，那就只能暂时受着。

“被理解”是一件极其稀缺的事，人大部分时间总是“孤独着”的。而我们训练好自己的表达和倾听能力，是为了遇到更同频的人，然后更高效地处理人生遇到的所有难题。

（二）差的人际关系，也是自我疗愈和提升的契机

我以前觉得，人和人相处，只需要奉行“合则聚，不合则散”这一简单粗暴的原则就好了。但后来我发现，这世界上还有很多你不想、不愿相处，却不得不相处的人。

人际关系表面上是和别人相处，背后却是和每个人的欲望和防御机制

相处。

这话不是我说的，是澳大利亚心理学家乔治·戴德说的。他说的原话是“防御机制”，我加了“欲望”二字。

欲望也好，防御机制也罢，都是“天成的”。除非经历重大的、能让人洗心革面的事情，一般人根本无力扭转（有的人经历了也无法扭转）。

是欲望，让我们与一个人相遇，是防御机制让我们与不合拍的人远离。

比如，有的人在遇到类似“你居然不按照我认为正确的方式来”等事情的时候，就会以掌控、拿捏、威逼他人的方式，以展示自己有力量、有能量，是处于权力高位的那一方。

又比如，有的人最在乎的不是A，而是B，那么，当他一旦发现任何你有不利于B的苗头，哪怕你本意不是如此，哪怕B从未觉得“不利”，也要把你当成“假想敌”去攻击……那你拿这种“防御机制”是完全没办法的。

之前我写过一句话“人都是在跟对方的创伤相处”，很多读者没能理解这话的意思，可我还是坚持认为：所有健康长久的关系，靠的就是对彼此创伤的足够包容。

它只发生在心智成熟、思想层次同频的两个人身上，否则，永远是“高频包容低频，高维迁就低维”，这注定是要失衡的。

好的人际关系，会让你更加自信、爱自己。比如，那些在原生家庭中从未被真正“看见”、善待的人，通过组建一个好的继生家庭，治愈了伤痛，生活更幸福，自己也越来越优秀。

差的人际关系，则让你怀疑自己，否定自己。它像蚂蟥一样趴在你皮肤上，吸你的血，给你的肌体注入病毒和细菌，让你愈加虚弱。有的人因此没了半条命，也有的人被伤害到怀疑人生，走出来后仿佛重活了一次，更懂得善待自己。

绝大多数人实际上并不具备驾驭人际关系的能力，因为凡夫俗子对于自己的欲望和创伤都没法“觉知”，大多数人只是遵循本能，靠运气去与他人发生碰撞，并且，毫无耐心、慈悲心。

比如，很多人因为自己掌握了一丁点微不足道的权势或是可以拿捏别人的资本，就把自己的“防御机制”毫无缘由地反弹和倾泻到别人身上，真不一定是别人做了多大的错事，只是他的内心黑洞被“激活”了。

到了这个年纪，我现在也逐渐意识到：所有的关系，差的，好的，都是自我疗愈的契机。

遇到差的人际关系就想斩断，没有任何问题，但它是否让你觉知到自己的欲望和创伤，以便让自己成长为一个更“硬核”的人，这才是最重要的。

他人只是我们的镜像，我们面对的其实一直只是自己。

而富有自省力的人，会在每一段或和谐或冲突的关系中，与他人进行互动的镜像中，得到新的体验、新的救赎。

也许我们不会再把爱、理解和包容给予那些与我们发生冲突的人，但我们会独立、全力背负起自身的创伤，同时在反省力和慈悲心的驱动下，对那些“爱我们，我们也爱着的人”的伤与痛，进行抱持和消融。

（三）将军有剑，不斩苍蝇

去餐馆吃饭，我很少生气说要投诉服务员，饭菜若是上得慢了，我顶多说一句“麻烦你帮我把这个菜退掉”。一般来说，这话一出口，上菜速度就快了。

以前我曾绝交过一个女性朋友，她就是那种去餐馆吃饭时特别挑剔的人。

服务员上的茶有点凉了，也能让她大发雷霆。每次我跟她一起吃饭，都有点胆战心惊，因为我老担心服务员会不会在后厨往我们的菜里、茶里吐口水。

那时候，我们都没啥钱，能去的也不是什么高级的餐厅。餐馆就赚点辛苦费，服务方面我是完全可以睁一只眼闭一只眼，甚至有时看服务员太忙，我真会跑去后厨自行加水、添饭的。

为啥我会这么佛系？一方面是体谅别人的不易，另一方面也是不想低估人性的恶。

人活在这世上都是很不容易的，不容易当中还有更不容易的。站在我们面前的人，大多是“有故事的”。他可能有过不幸的童年、有过落榜的经历、有一对不可理喻的父母、有生病的家人或是刚刚失了恋、失了业……

一个真相是：越是不容易的人，内心积攒的负能量可能越多，你来个导火索，它可能就会被点燃甚至爆炸。

某些人能因为芝麻大点的事情跟人吵起来，那他大概率上可能是一个没法好好讲道理的人，甚至可能内心已经积攒了无数负能量，就等着找个“撞他枪口上的人”爆发。

我大概能预想到跟他理论的后果，也知道自己跟他继续纠缠下去占不到任何好处，甚至可能还会被他拖到泥潭里，那我就干脆“认怂”好了。

人生的战场那么多，我不想在这种小事上跟他一决高下。我的能量，应该放在更有意义的地方去。

当然，我提倡你在小事上能忍则忍，尽量把“小事化了”，并不是推崇你当缩头乌龟，任由恶人猖獗。

如果别人有伤害你的主观恶意、多次挑战你的底线或是破坏你的利益，那我支持你跳起来收拾他。

有句话说的是“老虎不发威，别把它当病猫”。自然界中，老虎确实是很少发威的，只有小狗会因为家里来了只苍蝇而叫唤个不停，但老虎一旦发威，那就快、准、狠地给入侵者教训。我只是希望大家都别在赶苍蝇的过程中消耗掉自己本可以成为老虎的能量。

但这世界上，确实也有很多事情是你我怎么努力也暂时无法解决的，只能交给时间。很有可能你驱赶得了一头大象，但暂时搞不定一只蚊子。

金庸写《倚天屠龙记》，有这么一段：

张无忌突然间记起了《九阳真经》中的几句话：“他强由他强，清风拂山冈；他横任他横，明月照大江。”他在幽谷中诵读这几句经文之时，始终不明其中之理，这时候猛地里想起：以灭绝师太之强横狠恶，自己绝非其敌，照着九阳真经中要义，似乎不论敌人如何强猛、如何凶恶，尽可当他是清风拂山、明月映江，虽能加于我身，却不能有丝毫损伤。

两千年前，老子在讲到“人法地，地法天，天法道，道法自然”时，可能也深切体会过类似这种失控感。

作为人，我们总以为自己是宇宙中心，可在世界的眼里，一个人跟一草木、一蝼蚁并无不同。

我们总想要掌控人生的方向盘，并以此获得安全感，可在大自然的眼里，你不过就是一个赶路人。

自然一直在自我净化、自我疗愈、自我归位，各行各业的“医生”都只是自然的助手而已。人为的一切控制，很有可能会对这种天然秩序造成干扰，反而会导致更大的失控和崩溃。

人当然要学会开车（俗称“掌控人生的方向盘”），但有时候也要适当放手，这样，很多事自会回到正轨，也免去了我们勉力对抗的辛苦。

人生的上半场，要学会“抓”。人生的下半场，我们都得学会“放”。上半场不“抓”的人，有点堕落。下半场学不会“放”的人，有点悲哀。

不用“有为心”去解“无法事”。

第五节 我们当如何看待命运？

（一）人生无常造化弄人

我一个堂叔家有一对双胞胎女儿。大女儿学习资质一般，性格还有点乖张、自私，不是很讨大人喜欢。小女儿从小就很机灵，学东西很快，共情能力强，人见人夸，但是，很要命的是：她不能坐车。

坐任何车，哪怕是自行车，她都会晕车。如果是摩托车、汽车、火车、船，那就晕得更厉害，基本上能把胆汁都吐出来，躺几天都缓不过来的那种。

一般人若是晕车，通过练习荡秋千、贴晕车贴、吃安眠药等方式可以缓解，但这些方法对她统统无效。她是我见过的晕车晕得最厉害、最没救的人。她受不了一切旋转的东西，甚至连看电视都会晕。

就这样，两个小孩的境遇出现了很大的差别：大女儿资质虽然一般，但因为不晕车，可以去到教育资源稍好一点的县城里读书；小女儿就只能待在村里、镇里，但那里师资力量不是很强、学风也不是特别好。

初中毕业，两人考的分数差不多，大女儿就去了市里读书，小女儿一想到去市里读书要坐几个小时的车，腿就吓软了，选择了辍学。

正常人理解不了这种选择，就像我们理解不了为什么有的人会晕车晕到那种程度一样。

很多年过去，大女儿上了大学，找到了一份好的工作，而小女儿则一直待在农村，成为一个普通的农妇。

可是，如果两个女儿都生活在车马不便的古代，两个人后期的发展真的很难说啊。

在教育孩子方面，我们总强调家庭教育、自我的努力，可我觉得：这些东西，统统斗不过基因。

朋友家一对双胞胎儿子，大的喜动，小的喜静。出生时辰差不多，但两个孩子性格迥异，小儿子明显更好学、机灵一些，目测将来学习成绩不会差。

我感觉，我们的身体、脑子，才是承载一切的“轮船”。它若是不给力，你再天赋异禀、再努力也是白搭。

前段时间，我看到这样一条报道：世界上最长寿连体双胞胎罗尼・盖勇和唐尼・盖勇去世，两人共同生活了 68 年。他们有单独的心脏、肺部和胃，每人都有两条腿，只有下腹部相连。

我当时就觉得：唉，太难了。生活上的不便反而是其次的，明明是两个有不同想法的人却要“亲密无间”那么久，这对很多人来讲都是酷刑了吧。相爱的两个人都很怕亲密无间，遑论是命运搭配好给你的、没得选择的人。

“有些人光活着就已经用尽全力”这话，绝不是虚言。

时不时地，我们也会听到一些“身残志坚”的励志故事。他们的精神，的确值得我们学习。但不可否认的是，他们确实也是万千残疾人中，比较幸运的那一类，至少，他们的努力，最终能被世人看见。

有一些残疾人，本来资质平平、做出来的成绩也一般，但因为残疾，因为要克服比正常人多十倍的困难，人们仰慕他们的精神，给他们做出的成绩加了分。还有很多的残疾人，不是不努力，不是志不坚，但就是被身体拖了后腿，导致他们想飞也飞不高。

我觉得：或许，我们能成功，我们能幸福，都是命运允许的。你只能在命运允许的水域范围内，努力蹦跶出点小水花。而身体、基因、寿命等，就是一个人最大的“命运”。

我知道，这听起来有点反鸡汤，有点丧，但不可否认的是，这也是一种生活的真相，而且是绝大多数人面临的“生活真相”。

（二）承受命运给的苦难，抓住命运给的机会

在这里，我并非去宣扬和鼓吹一些悲观的宿命论。

事实上，我敬佩每一个不屈服于命运的人。只是，世事残酷，人生艰难，当我们遭遇磨难，对自己之前坚信的一切产生了动摇，何不如用“命运”二字来宽慰自己？

但是，我也相信“人”的力量，相信“我运由我不由天”。

李安对命运有自己特殊的看法，他说：“人生不只是坐着等待，好运就会从天而降。就算命中注定，也要自己去把它找出来。努力与否，结果会很不一样的。在我过去的体验中，只要越努力，找到的东西就越好。当我得到时，会感觉一切好似注定。可是若不努力争取，你拿到的可能就是另一样东西，那个

结果也似注定。”

我同意李安的看法。

我把“命”和“运”分开来看。

“命”是平台，“运”是你在这个平台上能达到的高度。

我们可能撼动不了“命”分毫，但是可以改“运”。

就像是一棵树，长在了海拔两百米的山上，它没法长到海拔两千米的地方，但是，它可以让自己长到一米高、三米高甚至六米高，比所有的同伴们要高；也可以让自己长得很粗，成为栋梁之材；可以让自己枝繁叶茂、硕果累累，送子孙们去到海拔五百米的地方。当然，它也可以让自己贫弱不堪，活几年就枯萎。

如果世界上真的存在命运这回事，那我们应该怎么办?

或许，白居易写过的一首诗，可以给我们答案：

我无奈命何，委顺以待终。

命无奈我何，方寸如虚空。

这话翻译成白话文就是：我拿命运没有办法，就只好听从命运的安排；反过来，命运也拿我没有办法，因为我对命运的安排是好是坏，从来就没有放在心上。

我不到三十岁就信命了，但信命之后我更努力了。

我总觉得，人只要有悟性，只要能一直保持成长思维和学习形态，并付出相应的行动力，我们也能重塑自己的人生，只是需要多付出一些代价，比如时间成本、机会成本。

尽人事，听天命。

第六节

构建人生格局的几个阶段

（一）人活一世，要经历的几个认知阶段

我以前听到“每个年龄段该做什么事，就做什么事”这话，就很嗤之以鼻。

今年以来，我对这话有了点新的理解。

人活在这个世界上，往往要经历几个认知阶段。

第一个阶段是了解这世界的阶段。

这是我们的幼儿和青少年时期。这个时期，我们的主要任务就是学习。我们通过书本，了解这个世界的知识，了解这个世界是怎么运行的。我们站在全人类最有智慧的人的思想基石上，完成对这个世界的眺望。

这就是“知识教人”的阶段，大多发生在二十岁前。

第二个阶段是在世界中实践的阶段，也就是俗称的“见世面”阶段。

这个时期，我们的主要任务是观察和实践。我们进入社会，把学到的理论运用于实践，并在实践中验证真理、不断修正自己的想法。我们见了很多的世面，发现它和我们书本上记载的东西不大一致。在学习阶段，我们可能会在想象中得到一个问题的解决方案，但到了实践阶段，如果这个想法是错的，你就会马上遭受惩罚。

这就是“事教人”的阶段，大多发生在三十五岁前。

第三个阶段是自主探索阶段。

到了这个阶段，你该学的知识也学了点，该遭受的“毒打”也挨了个够，你不会再像前两个阶段一样，去模仿和追随别人，而是内心深处浮现了自己真正想走的路，然后你坚定地踏了上去，自负盈亏。

相比前两个阶段，这个阶段的难度是升了级的。我觉得高考也好，升职加薪也罢，在达到天花板之前都不算特别难，但第三个阶段，往周边看是一望无垠的，往上看是没有天花板的。我就处在这阶段，然后，形成了新的迷茫。破除这个迷茫的唯一的钥匙，就是不断实践，在实践中找到答案。

第四个阶段就是谢幕阶段。

人生到了这个阶段，就要去思考宇宙终极问题了，也要去处理好自己与生命、与死亡的关系了。你处理得越好，你的人生就越轻盈。而且，前几个阶段是必经阶段，不能跳级。

一个人还没到五十岁就成天把“淡泊名利”“四大皆空”“六根清净”等挂在嘴边，反而显得有点油腻。你看动植物就不会这般矫情，它们总是很自然地活。幼时活泼探索，青壮年蓬勃精干，晚年也有即将谢幕的姿态。

我觉得，人真的要适当入世，也要适当出世。

追名逐利的时候，要适当入世，别当仙子。

被名利抛弃以后，要适当出世，当个局外人。

都知道“由俭入奢易，由奢入俭难”，但谁能保证自己没有“由奢入俭”的那天呢。

人活这一辈子吧，都要经历从“逐名利”再“逐静”再到“逐境”的阶段。

追名逐利不可耻。没拥有过名利的人，没资格说自己看淡了名利。

没有拥有过爱情的人，没资格说自己看破红尘。没有尝试过色香味的人，没资格说“四大皆空”。

你得先“有”，才能追求“无”或是“空”。

到了“逐静”这个阶段，就是能和自我和谐相处的阶段。

你开始拥有了内心的平静，不以物喜，不以己悲。你身处尘世，却不觉得喧嚣。

等你到了“逐境”的阶段，那就更厉害了。

那些起起落落算个什么事儿啊，不过游戏一场。

淡然地，让财富流过你；

坦然地，让时间流过你。

（二）脚踏实地走好人生路

人生每个阶段都有每个阶段的特性，所以，如果你还没能步入下一个阶段，也大可不必着急。

如果用“金木水火土”来形容生命演化，那应该是这样的：

刚出生，我们是“金”，是“千金”。

婴儿阶段，可能是我们一生中最“万千宠爱于一身”的阶段。再之后，我们才要经历生活的磨砺和命运的“毒打”。

少年时期，我们是“木”，是“花”。

我们柔软、洁白、细腻、英姿绽放，精彩亮相，奋力往上生长。

青年时期，我们是“水”。

我们具备了相应的柔韧性，学会了滋养别人，去到怎样的环境都可以与环境相融，而不拘泥于“容器”的形状。我们也有力量，载舟覆舟。

当然，这也是最容易冲动的时期。

中年时期，我们是“火”。

人生来到了厚积薄发的阶段，过去几十年的积淀让我们的人生呈现出不同的结局，然后，熊熊燃烧。这也是最容易犯错的时期，好多老房子着火。

老年时期，我们是“土”，是“灰烬”。

我们可能有余温，但不会再烫伤人。这个阶段，我们需要落叶归根，最好的修养就是沉默如土，承载一切，化作春泥更护花，而不是跳起来对年轻人的生活指手画脚。

走完这个轮回，我们也就要向这个人世间告别。

每个阶段有每个阶段的特性和使命，搞反了或是成长速度跟不上相应的成长要求，你的人生就很容易陷入糟糕的境地，害人害己。

每个年龄段看“吾十有五而志于学，三十而立，四十而不惑，五十而知天命，六十而耳顺，七十而从心所欲，不逾矩”这话，我都有不同的感受。

这话的大概意思是：我十五岁立志做学问，三十岁时就基本建立了核心价值观，四十岁不再迷惑，五十岁的时候懂得了天命，六十岁的时候什么话都不觉得刺耳，七十岁的时候就能随心所欲但不越出规矩地活。

我觉得它对应了我们人生中的各个阶段的重心和状态。

十五岁以前正是学知识、学文化、建三观的时期，所以，你一定要有强烈的求知欲、学习能力，去认识这个世界。如果你急于求成，去追求别的，就是本末倒置，很容易造成“人生地基”不稳。

我把这个阶段称之为：求学。

二十几岁的状态，孔子没说。但我觉得，对于绝大多数人来说，二十几岁是荷尔蒙比较旺盛且开始把控自己人生的一段时期，很容易迷乱。这种时候，我们往往已经离开了象牙塔，开始走向社会。社会上多种价值观冲击着你，诱惑多到数不过来，你的人生面临诸多的选择（择业、择偶、择城、择路等），绝大多数人在这个阶段都活得横冲直撞，“人间清醒”是少数。

我把这个阶段称之为：探索。

到了三十岁，很多人开始成家立业，基本上找准了人生伴侣、从事的行业，同时也建立了自己的一套核心价值观。这套价值观，我把它称为“人生之锚”。如果把你的人生比喻成一艘船，这个“锚”越厚重，你这艘船才能停泊得越稳。如果说二十岁你心性不定，那三十岁一定要“稳得住”了。

我把这个阶段称之为：定锚。

四十不惑，说的不是真的没有困惑，而是“见惑不惑”。你知道人活这一辈子，每个年龄段都有每个年龄段的困惑，但面对这些困惑，你不再把它当回事了。想得开就想一想，想不开就由它去。而这一切，是建立在“三十而立”的基础上的。经济上，你成家立业了，有了面对这个世界的底气和勇气；心态上，你的精神内核变稳，遇事也不容易慌了。

我把这个阶段称之为：减耗。

五十知天命，我还没到这岁数，但目前已经有点“知天命”的苗头，但我认为自己还不具备“知天命”的资格。知天命，是第几个台阶，而不是一个抽象的高度，你没法越过前面几个台阶，直接登上这个台阶。

换而言之，你想要“知天命”，就不能走捷径。

“知天命”说的不是学《周易》，知晓自己和别人的命运走势，而是通过长期的观察、分析、总结，看到各种现象就可以摸清其逻辑，然后，学着去判断趋势和必然。

我认为它包含两个层面的东西，一个是客观层面的，一个是主观层面的。

客观层面，你分清楚了哪些东西是自己完全不能改变的，你只能认识它、接纳它、顺应它；主观层面，你了解了自己是一个怎样的人、有怎样的使命、有怎样的突破不了的局限。

然后，找到了最适合自己走的那一条路，并且愿意在这条路上全力以赴，不再纠结和拧巴。

我把这个阶段称之为：知命。

六十耳顺，说的是一种心态。你很难被别人的言语所“激”，看得清楚别人的困顿和挣扎，耳朵没有听不下去的话，眼睛没有看不下去的事，心里没有容不下的东西。

很多人认为六十耳顺，说的是平安喜乐的心境，但在我看来不是，我认为六十耳顺，说的是：你依然有喜怒哀乐惧等情绪，但不会再为各种情绪所累，反而让这些情绪成了你的工具。

换而言之，是你驾驭了情绪，而不是任由情绪驾驭。

我把这个阶段称之为：无碍。

七十而从心所欲不逾矩，是人生的至高幸福状态。某种规范，就像是游泳池的边。看到并且筑牢了这个“边”，你才能有真正的自由，然后，在那个“边框”之内，你自由自在地畅游。

而且，我认为它也是需要经历前几个阶段才能达到的。你地基没打好，上来就追求“随心所欲”，很容易塌房。

我把这个阶段称之为：自在。

古人能活到七十，就算是高寿了，所以孔子没有再说别的。

对于我们现代人来说，过了七十岁以后，也该考虑如何迎接死亡、向人生谢幕的问题。

但我觉得，如果能踏踏实实地走过这些人生阶段，能不断提升自己的思维和认知，那么，命运会给你一个“善终”的。

我说的“善终”不是“世俗意义上的好下场、好结局”，而是“自然老死”。

这样的人生，堪称圆满。

后记
感谢有你的一路陪伴

我赚过最莫名其妙的一笔钱，过程是这样的：

一个从北方来广州做试管婴儿的女读者说很喜欢我，想见我一面。

我说："我没那么多空呀。"

实际上，因为被网暴太多次，我对网上的陌生人抱有很大的戒心，我咋知道人家会不会把我约出去打一顿，或者朝我脸上泼硫酸呀？

对方说："我这几天都在广州，我可以付费的，就跟你吃顿饭就行，地点你来定。"

对方既然说到付费，那我就直接发了咨询价目表，可平时我不怎么提供咨询服务，因为我并不觉得自己是高人。只是，每天找我倾诉、咨询的人太多，我哪顾得过来，所以，发价目表是我婉拒或者劝退对方的一种方式；一般我也不接受线下咨询，尤其如果对方的性别是男的话，我是全部婉拒的。

没想到，对方直接给我转了一笔钱，说约我三个小时的午饭时间，地点我来定。我顿时"见钱眼开"啊，况且人家是那么信任我，这点面子我得给的。再加上如果地点是我来定的，那我的安全性是可以保证的啊。然后，我就选了我家附近的一个饭馆，一路上都有摄像头那种。

见了面，我发现对方大概 45 岁的年纪，个头比较高大，相貌比较普通，语言表达能力也很普通。一见面，对方就送了我一个小礼物，我也给对方送了我写的书并签好了名。

然后，我们边吃饭边聊。我以为她有什么问题需要找我解答或者找我帮忙，问她是不是遇到什么难事了。她说没有。我又问她："那你是不是想讲你自己的故事，希望我把你写出来？"她还是说没有。

然后，我们在饭桌上有一搭没一搭地说话。她絮絮叨叨跟我讲她的经历，是很普通的那种经历，没有任何跌宕起伏的情节。无非是小时候按部就班上学，毕业后按部就班进入亲戚家的公司工作，后来在工作场合认识了老公，两人按部就班结婚但想要孩子的时候发现很难，听说广州有几家医院比较好，她就过来做试管婴儿。

三个小时很快就过去了，我也没问她具体叫啥名字、在哪个公司工作，只是给她介绍了广州好吃的美食、好玩的地方，然后我买了单，送她去地铁口搭地铁。

我说："所有找我咨询的人中，你是最特别的一个，因为你居然对我没什么所求。"

她说："我有的呀，我就是喜欢你，想跟你见面，想跟你吃一顿饭。"

我当时的第一反应，还是有"不配得感"。这么多年来，在我整个成长过程中，我遭受的贬损、打压、冷漠、忽视、恶意、背叛、伤害，实在有点多。

我心里头一直有一团火，这团火里有相当多的仗义、真诚和热情在，但在很多时刻，我是活得像火药的，随时随地在准备反击和爆炸。别人待我好，我送他漫天烟花。别人伤害我，我立马燃放炸药。我一直希望自己活得洒脱一点，但实际上很多时候我做不到。

我说："你这样，让我好感动。我不好意思收你的咨询费。我退给你吧。"

她说："不要这样，是我耽误了你的时间，这些时间你本来可以拿去写作、陪伴孩子的，但花给我了，我还担心你的时薪不止这么多。我只想告诉你，虽然我们可能以后都不会再见面，但我熟悉你的一切，我看过你所有的书，我就是单纯地很喜欢你这个人，想跟你见一面。你就在这个世界上好好地存在着，都能治愈和鼓励很多人。"

我只好目送着她进了地铁站，跟我挥手告别。回家的路上，我眼眶是湿的。这是我人生中可以说是第一次，感受到啥是别人对我的"无条件喜欢"。

后来去深圳、上海办签售会的时候，知道有的读者从义乌、东莞赶过去就为见我一面，我也是同样的感受。很有可能，读者们对我的喜欢，也只是她们在找自己的心理投射，但世界上有那么多博主、作者，她们却选择把这份投射给了我。而作为一个走过暗夜、承受过暴风雨的人，我又焉能不为这份善意和支持所感动？

每次被网友骂到要抑郁的时候，我总想起她。虽然我连她的样貌都快忘记了，但我永远不会忘记曾经有那么一个人，用这样的举动治愈和鼓舞了我。我当然希望，我能"看见"更多人，也能被更多人"看见"，但才华、能力、格局有限，或许也只能止步于现在了。

有时候，读者们也会给我报喜。谁升职加薪了，谁家添丁了，谁家买房了，都有人会跟我说一说。有一天，有两个读者同时联系我。A 读者给我报喜，说她昨天拿下了一处法拍的厂房，4029 万。她说之前都准备自己去建了，但位置没有法拍的这个好，自建厂房的成本也高。她一开心，就给我发了个红包，我没收。

B 读者则找我倾诉，说她跟酷爱赌博的前夫离婚了，一个人带着儿子生活，前夫一分抚养费不给，还欠了一屁股债。她起早贪黑忙工作，每个月挣的仅够娘俩花，也没空管儿子，现在儿子进入叛逆期，不爱学习，而她被裁员了，三个月都没找到合适的新工作，裁员补偿金也花得只剩下四千了。我一同情就给她发了个红包，她也没收。

我只能感慨，人类的悲喜真是不相通，但我感谢她们给我的这份信任。有时候，一个读者被诈骗了，把自己的经历讲给我听，我也会整理出来发在社交媒体上，避免更多的人踩坑。

每次收到这些留言，我都觉得自己身上有某种责任，让信任和支持我的人因为关注了我而想得更开、过得更好的责任。真正能驱使一个人往前的，可以是对敌人的恨和怒，也可以是对“自己人”的感恩和责任呀。我是真心希望我的读者，因为认识了我，心态能更积极一些，能生活得更好一些。

活在这个世界上，我们渴望被看见、被理解，但有时候你身边最亲近的人可能都会误解你。但在遥远的某个角落，可能有那么一个人，可以越过你的缺点、你的脾气、你的局限，看懂你的忧思、看到你的珍贵。然后，你就会觉得，你眼前正在做的、将来要做的，都是正确且值得的。

作者和读者，实际上并不存在谁高谁低。它就是一种互相疗愈、互相成就的关系，也是一种难得的缘分。咱们彼此照亮，彼此陪伴。也许有一天我们也会各自消失在人海，但请记得我们交会时互放的光亮。

陪伴过，便已很圆满。